电场喷射

李建林　编著

上海交通大學出版社

内容提要

电场喷射一般包括两种情况：电场喷雾和电纺，两者在材料制备中都有重要的应用。电场喷雾能够产生均匀的纳米到微米级微小液滴，一般用于粉体制备和薄膜沉积。在流体黏度较大时，液体射流在解理为微小液滴前，由于溶剂挥发或温度下降等原因，黏度急剧增大，雾化过程被抑制，细小射流被保留下来，电场喷雾转化为电纺。由电纺过程直接得到细长的高分子纤维材料，无机非金属材料纤维可以经后续热处理前驱体纤维材料而得到。

虽然电场喷射早在一个世纪前就被发现，并开始研究其规律和可能的应用，用于先进材料制备则成为近几年的研究热点。其主要的推动力是纳米材料研究的兴起，但是其意义和应用远不止用于纳米材料制备。

本书较为系统地介绍了电场喷射的基本概念及目前电场喷射在材料制备中的应用。

图书在版编目(CIP)数据

电场喷射/李建林编著. —上海：上海交通大学出版社，2012

ISBN 978-7-313-08738-6

Ⅰ.①电… Ⅱ.①李… Ⅲ.①金属表面处理 Ⅳ.①TG17

中国版本图书馆 CIP 数据核字(2012)第 150457 号

电 场 喷 射

李建林 编著

上海交通大学出版社出版发行

（上海市番禺路 951 号 邮政编码 200030）

电话：64071208 出版人：韩建民

上海颛辉印刷厂印刷 全国新华书店经销

开本：787mm×960mm 1/16 印张：8.5 字数：155 千字

2012 年 8 月第 1 版 2012 年 8 月第 1 次印刷

ISBN 978-7-313-08738-6/TG 定价：29.00 元

前言

电场喷雾(Electrospray)和衍生出的电纺工艺(Electrospinning)在科学研究和材料制备方面发挥了巨大作用。虽然电场喷雾最初发现在两个多世纪前,但其第一次成功应用是20世纪80年代在大分子质谱仪上,并且因此引发了分析技术的革命。

但是,对于电场喷雾的机理研究依然是开放的。虽然标度率(Scaling laws)的发现是理论研究方面的一个巨大进步,但目前为止,尚无完全一致的理论。随着计算机技术的发展,数字计算方法对于理解电场喷雾的机理起到很大作用,并且很多时候计算结果和实验结果是一致的,但是依然缺乏严密的分析理论。

电场喷雾用于材料制备领域,也有了半个多世纪的历史,取得许多重要的成果。近年来,其迅猛发展得益于纳米材料的兴起和推动:从纳米颗粒、纳米薄膜到电纺纤维、电纺纤维结构等。值得指出的是,实现按需喷射-沉积在材料制备和制造工艺上具有重要意义。

由于电场喷雾技术的复杂性和应用的广泛性,难以很详细地描述每个方面。因此,本书只能集中叙述一个有关方面,所列的参考文献也基本着重在一些较为经典的文献上。鉴于电纺工艺是从电场喷雾衍生出的特例,且近年来有关研究非常活跃,大家很容易找到大量相关文献,故这里只是简略介绍一些有关电纺的知识。

另外,对于大部分人名和技术词汇,主要采用未翻译的原文,以便于检索和避免混淆。

作者于10年前在伦敦大学开始接触这一领域,后在新加坡南洋理工大学继续从事有关工作。虽然深感这项技术的重要性,但是由于学力有限,知识浅薄,不敢写作一本介绍该技术的小册子。近来,看到越来越多的研究人员和学生开始接触有关研究,且不断有研究人员来信探讨这方面的问题,感到还是有必要把自己了解的知识总结一下,以抛砖引玉,错误之处,恳请大家不吝指正,共同促进这项技术的研究和发展。

书中引用了大量的参考文献,在此对这些作者和出版社表示衷心的感谢。本书使用的大量刊载于外文刊物的插图,已在书中一一标注。

在此,作者特别感谢浙江湖州金泰科技股份有限公司和潘建华董事长慷慨资助本书的出版,并允许使用公司先进的表面镀膜设备,热情帮助开展电场喷雾技术的实用性研究。

本工作还得到海南大学科研启动资金的支持(KYQD1115)。

最后,感谢所有帮助本书写作和出版的老师和朋友,以及我的家人。

李建林

2011年冬于椰风海韵中的海南大学

目　录

第1章 微小液滴的制备方法

气溶胶是以气体为载体的悬浮体系，又称为气体分散体系。最常见的是大气气溶胶体系。这些气溶胶可以成为水滴和冰晶的凝结核、太阳辐射的吸收体和散射体，并参与各种化学循环，是大气的重要组成部分。雾、烟、霾、霭、微尘和烟雾等，都是天然的或人为的原因造成的大气气溶胶。

按照微粒物态，可以分为液态或固态微粒气溶胶（$10^{-3}\sim10^{-7}$ cm）。前者如被风扬起的细灰和微尘，海水溅沫蒸发而留下的盐粒，火山爆发的散落物以及森林燃烧的烟尘等天然源。也可以来自化石和非化石燃料的燃烧，交通运输以及各种工业排放的烟尘等。后者如海水溅沫、雨滴、蒸汽凝结核等都是微液滴（droplet）在大气中形成气溶胶的实例。

微液滴广泛分布在自然界的各个角落，其用途极其广泛。近代人们认识到微液滴的重要性后，开始有目的地制造微小液滴和开拓其应用领域。例如，通过雾化喷洒农药，极大提高了农药的使用效率。静电雾化喷漆，得到均匀密实的漆膜，而且避免了油漆的浪费和对环境的污染。在医疗健康领域，超声波雾化增湿，有效消除了干燥气候带给人们的不适感。雾化吸入治疗则是治疗呼吸系统疾病的最有效方法之一。微液滴在科学研究方面也具有举足轻重的地位。例如用于材料分离、微量液体供给、反应物分离等。

微液滴的制造方法有多种，原则上讲，只要能够向液体体系内部输入能量，使液体体系具有形成微液滴所需表面能的方法都是可行的。因此，无论机械的或电磁的手段均可用于微液滴的制备。其中，通过静电力作用把电势能输入液体，使之失去稳定而雾化是一个重要方法，越来越受到人们的重视。

相对于液体而言，微小液滴的最大特点是显著增大的比表面积。因此，在制备微小液滴时，需要外界对液体输入能量，以提供表面积增大所需要增加的能量。各种类型不同的制备方法和设备即是通过不同途径实现这一能量输入的过程。

1.1 液体的机械作用雾化

1.1.1 超声波雾化

超声波雾化有时也被命名为 Capillarywave atomization。超声波雾化器通过陶瓷雾化片的高频谐振，将液态水分子聚集结构打散而产生水雾，不需加热。与加热雾化方式比较，能源节省约90%。另外，在雾化过程中将释放大量的负离子，其与空气中漂浮的烟雾、粉尘等产生静电吸附，使其沉淀，同时还能有效去除甲醛、一氧化碳、细菌等有害物质，使空气得到净化，减少疾病的发生。所以，日常生活中的加湿器常用超声波雾化器。但实际上，超声波雾化器也是医疗和材料制备中的重要设备。

超声波雾化器产生的雾化液滴是球状的，液滴直径通常在几微米到几百微米的范围内，实际尺寸取决于振荡频率。频率在10～1000 kHz的范围内时，液滴直径大约是3～50μm。高功率超音波雾化器一般工作在低频率区。

超声波雾化的过程是通过振动使液体表面波振幅增大以提供雾化所需能量的过程。在一个振动的固体表面的液体薄膜，其表面波的振幅随震动而增大。当其振幅达到一定值时，波的顶部会失稳并破裂，成为细小液滴从表面喷射出来而使液体雾化。

如图1-1所示，一般超声喷嘴的超声振动由一对压电圆片组成，雾化面位于出口处。当长度等于压力波的波长时，压力波在喷嘴内形成驻波，并且由于自由边界条件的限制在雾化面处振幅达到最大，从而将液体雾化[3]。

一般情况下，超声波雾化适合雾化无固体颗粒且黏度不超过50 cP的液体。超音波雾化的优点是在很低的流速下获得较好的雾化效果。液滴尺寸均匀可控，性能可靠，不会堵塞，对环境空气扰动小，能量消耗非常低，并且易于操作，喷雾形状可以用附加的吹气装置控制。目前。广泛运用于雾化干燥器、加湿器、医用清痰雾化器和制作药片糖衣等方面。

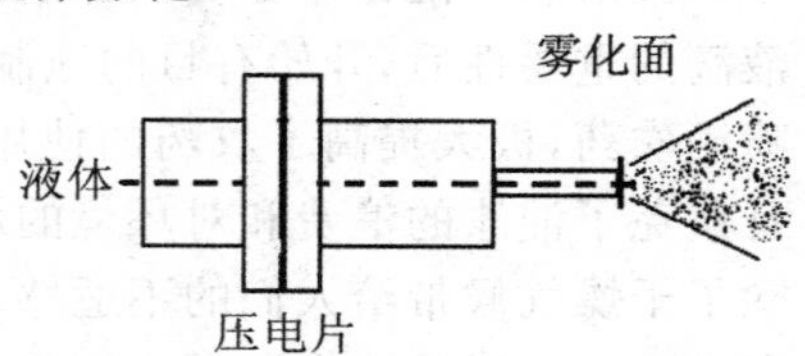

图1-1　超生雾化原理示意图

1.1.2　真空雾化

真空雾化技术已经应用于商业金属粉末批量生产上。真空雾化法在20世纪60年代开始研究开发，在1970年，公开了真空雾化方法的专利。如图1-2所示，雾化设施包括上下两个空间。金属首先在真空之下被熔化，同时，与惰性气体（通常是氩）相混合的可溶解的气体（典型的是H_2）溶入金属熔体中。雾化的能量被储存在液态金属中。当上部降低气体压力时，液体金属中的过饱和气体突然被暴露在真空中，可溶解气体高速析出，引起液态金属雾化或爆炸雾化[2]。

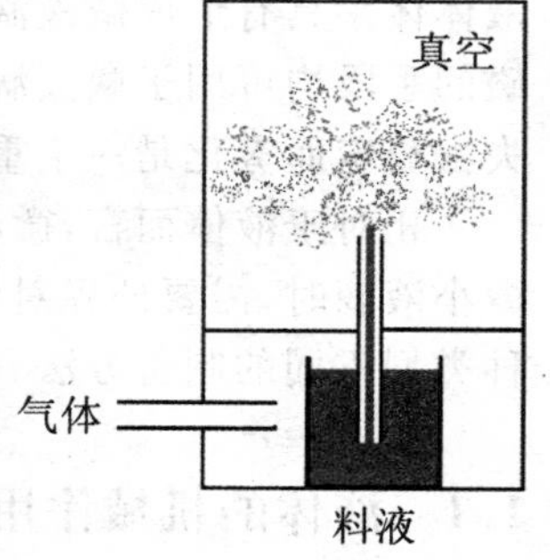

图1-2　真空雾化示意图

从本质上讲，真空雾化属于压力雾化。

1.1.3 气流雾化

气流雾化是指液体在气流的冲击作用下破碎成雾滴的过程，广泛应用在许多领域。例如液体雾化、粉末冶金、喷射成型等。其主要机理是气流和液体的相互作用，使液体表面的不稳定波增强而导致液体的雾化，具有简便和高效的优势。

气流式雾化器又可以分为二流体外混式、二流体内混式、三流体内混式、三流体内外混式以及四流体外混式、四流体二内一外混式等。气流式雾化器的结构简单，处理对象广泛，但能耗大。最简单的气流式雾化利用高速压缩空气（或水蒸气）从二流体喷嘴中喷出并与另一通道输送的料液混合，借助空气（或蒸汽）与料液两相间相对速度不同所产生的摩擦力，产生液膜把料液分散成雾滴，如图 1-3 所示。由于料液速度不大，而气流速度很高，两种流体存在着相当高的相对速度，液膜由于内部的气体膨胀形成空心的锥型薄膜，然后分裂成细小的雾滴。雾滴的大小取决于气体的喷射速度、料液和气体的物理性质、雾化器的几何尺寸以及气液量之比。气液量之比越大，则雾滴越细越均匀。其主要优点是雾滴粒径小且较为均匀，一般为 10～60 μm，能处理高黏度的料液。在此过程中，气体的一部分动能通过界面摩擦转换为液滴的表面能和动能等。

图 1-3 二流体喷嘴原理示意图

气流雾化器主要用于实验室及中间工厂，其动力消耗大。前两种雾化器都不能雾化的料液，采用气流式雾化器可能实现雾化。高黏度的糊状物、膏状物及滤饼物料，可采用三流体喷嘴来雾化。

1.1.4 压力雾化

压力式喷嘴的类型有很多，这里主要介绍旋转型压力式喷嘴，如图 1-4 所示。旋转型压力式喷嘴在结构上有两个特点：一是有一个液体旋转室，二是有一个（或多个）液体进入旋转室的切线入口。凡是液体经过旋转室被喷出的结构型式，均称为旋转型压力式喷嘴。

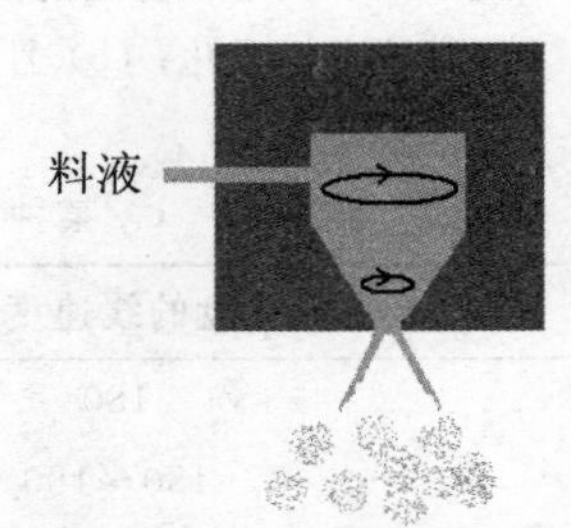

图 1-4 旋转压力雾化原理示意图

液体经高压泵加压后通过切线入口进入旋转室内，液体在这里开始高速旋转，在中央形成空气旋涡，而液体成为环绕空气芯的液体薄膜。液体最终高速喷出喷嘴，薄膜被拉伸变薄，最后雾化成微小液滴。

1.1.5 离心式雾化

离心式雾化是通过高速旋转的盘或轮产生的离心力作用，使料液在旋转盘表面伸展为薄膜，并以不断增加的线速度向边缘运动，最后盘边缘的离心力将料液甩出进入气体介质形成雾滴。离心式雾化器的雾化效果受进料影响（如压力变化）小，控制简单。

一般来讲，液体雾化方式主要有液滴、丝状和膜状雾化。具体的分裂模式主要与雾化盘的形状、线速度、给料量以及料液性质等参数有关。一般地说，在较低的转速和高的给料量下，料液扩展至雾化盘边缘，并随机地被甩出成为较大的液滴。在提高转速和适当增加给料量的条件下，料液在雾化盘边缘形成规则的丝状分布，液丝破裂后形成分布很窄的较小液滴，此时具有较为理想的雾化效果。当雾化盘具有很高的转速时，料液在雾化盘边缘形成液膜，液膜破裂后形成分布很宽的液滴[1,2]。

图 1－5 和图 1－6 是某种型号的离心式雾化机产生的液滴尺寸分布与雾化盘线速度的关系示意图。当雾化盘的线速度小于 50 m/s 时，得到的液滴尺寸分布很宽，由一些较大的液滴和盘边细小的液滴组成。随着雾化盘的线速度增加，产生的液滴尺寸分布逐渐变窄。当雾化盘的线速度达到 60 m/s 时，得到的液滴已较为均匀。一般使用的雾化盘的线速度在 90～160 m/s 之间（见表 1－1）。

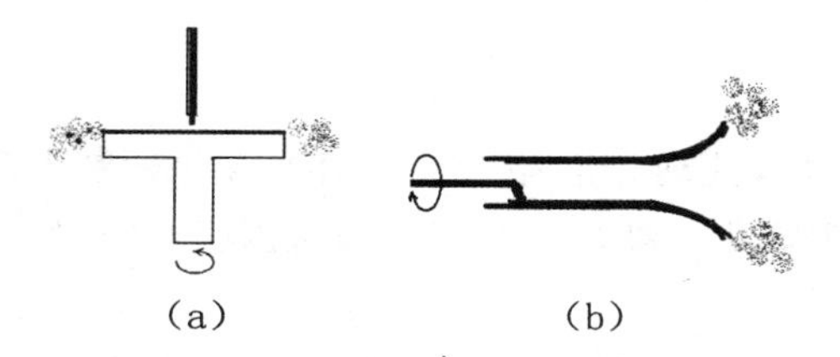

图 1－5 离心式雾化的两种常见方法

（a）盘式离心雾化；（b）号角式离心雾化

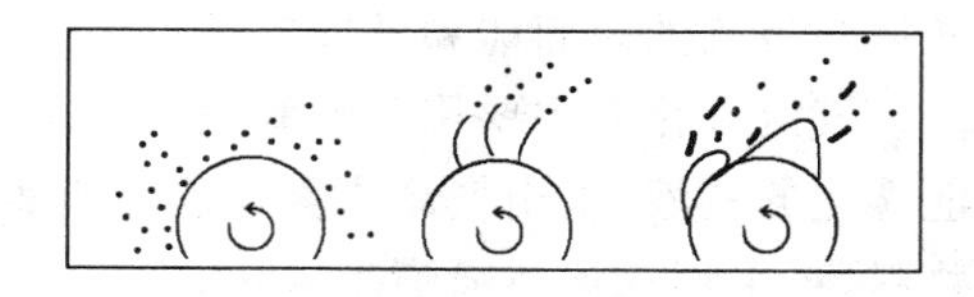

图 1－6 液体离心雾化的三种主要方式

表 1－1 某种商业雾化器的液滴尺寸分布与雾化盘线速度的关系

雾化盘的线速度/m/s	液滴尺寸/μm
180	20～30
150～180	30～75
125～150	75～150
75～125	150～275

1.2 静电雾化

以上简述的几种方法均是通过机械能作用使液体分散得到微小液滴。另外一种引起广泛兴趣的方法是通过静电作用实现液体的雾化。

目前,主要有两种完全通过静电作用使液体雾化的静电雾化方法。当静电与其他机械作用,如离心等共同完成雾化过程时,可以清晰地将静电作用分离出来。因此,下面单纯分析静电雾化的简单原理[3]。

1.2.1 静电互斥实现液体雾化

同种电荷互相排斥是静电学中最基本的现象之一。美国学者 Kelly 等对利用静电互斥实现液体雾化研究做出了最主要的贡献。如图 1-7 所示,在高压电场的作用下,浸入电介质液体中的导电材料的尖端发生放电,即不断有大量净电荷产生并分散到液体中。当液体流动到出口时,失去束缚的液体由于体内强大的电荷互斥作用而分散雾化。显然,这种方法适应于电导率低的液体,如油类等。

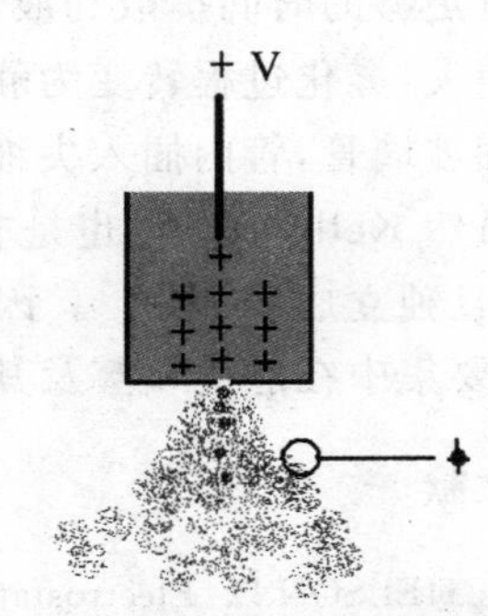

图 1-7 静电互斥喷雾原理示意图

(产生的每个微小液滴表面均带有电荷)

1.2.2 电场喷雾

如图 1-8 所示,当液体从带电的金属细管流出时,液体受到强电场作用而发生液面变形。随着电场的增强,静电力超出液体的表面张力,液滴连续地被“拉出”。在足够强的电场作用下,液体被“拉出”形成射流而雾化。这里,电场势能转化为液滴的表面能和动能。

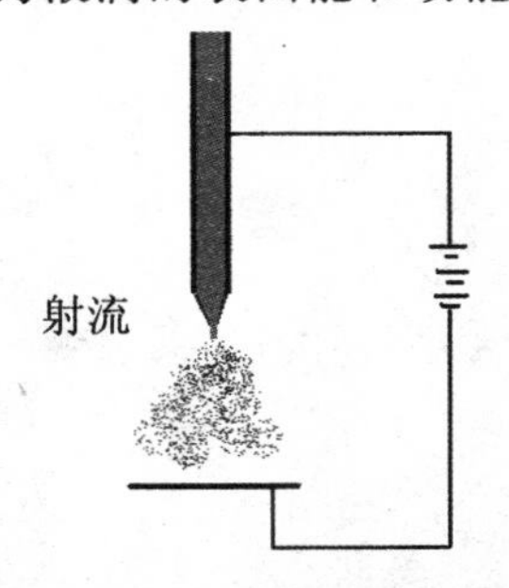

图 1-8 电场喷雾原理示意图

由于复杂的物理过程,尚未建立一个普通理论模型来描述静电喷雾。从现有的研究结果来看,静电雾化引起的液滴大小与应用的电压、电极的大小、形状和距离,具体喷雾装置、液体流速、液体喷管直径和液体性能有关,例如与表面张力、介电常数和电导率等有直接关系。但是现在还无法通过上述参数预测液滴的准确尺寸。

到目前为止,已有几百种液体可被静电雾化,如乙醇、苯等有机溶剂。特别是在真空中，熔融硅也可实现静电雾化。

最近，一个新的方法是用来在不可溶液体媒介(如蒸馏水)中制备大小一致的绝缘液体小滴(例如塑料单体)。通过同时使用一个直流电场和交流电压迫使液体破裂形成煤油小滴，产生的液滴直径在几百微米范围内，且生成频率与使用的AC频率一致。液滴大小可以通过下列参数控制：交流电频率、喷管直径、液体流速等。

需要指出的是，当Kelly的方法用于弱导电的液体时，在液体发生雾化之前，电荷有足够的时间扩散到液体表面，即发生静电弛豫。此时，液体内部的电荷互斥作用消失，雾化过程转变为静电喷雾。事实上，最初的电场喷雾使用的是易于制造的毛细玻璃管，管内插入尖细金属丝作为电极。

虽然Kelly的方法也是非常重要的，但是相关理论和实践与静电喷雾有较大区别，且独立成体系[4,5]。因此，本书以后的部分将只能涉及静电雾化的一个方面，主要集中在静电喷雾及其在材料制备中的应用。

参考文献

[1] MICHELSON D. Electrostatic Atomization[M]. London: Taylor & Francis, 1990.
[2] 曹建明. 喷雾学[M]. 北京：机械工业出版社，2005.
[3] BAILEY AG. Electrostatic spraying of liquids[M]. London: Research Studies Press LTD, 1988.
[4] KELLY AJ. Electrostatic Atomization[J]. R&D Innovator, 1994,3:113.
[5] KELLY AJ. On the statistical quantum and practical mechanics of electrostatic atomization [J]. J Aerosol Sci, 1994,25:1159-1177.

第 2 章　电场对液体表面的作用

流体在流动时，如果在流体表面施加电场，这个电场对流体的流动将产生复杂的影响。主要的物理现象是流体表面的电极化。在流体表面将出现以图屏蔽此外加电场的自由电荷。同时，这些自由电荷在此外加电场作用下发生运动，流体表面因此受力并对流体的流动产生影响。

2.1　气-液界面

Gibbs 提出的气一液界面是一个假想分界面，这个界面代表了从液体密度 ρ_L 到气体密度 ρ_v 的变化，当满足下式时的一个位置，即图中上下两个阴影部分面积相等的位置时，则

$$\int[\rho(z)-\rho_L]dz=\int[\rho(z)-\rho_v]dz$$

其中，z 坐标原点位于 Gibbs 面。

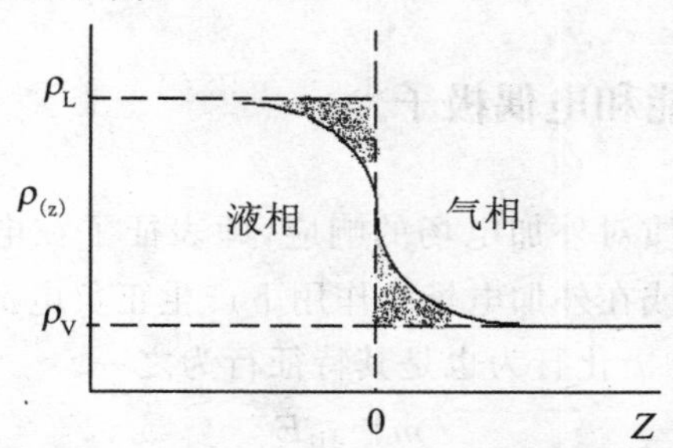

图 2-1　Gibbs 气-液界面的确定

2.2　电场对液体表面张力影响

一个界面两侧的压强差遵守著名的拉普拉斯公式，如果 P_1，P_2 为界面压力，γ 为界面张力，那么有：

$$P_1-P_2=\gamma \tag{2-1}$$

显然，杂质和活性剂在表面的分布会偏离体内的分布，即影响平均浓度，从而

降低界面张力系数和两侧的压力差。由于电荷会引起周围介质的极化，从而对其分子排列产生影响。因此，与不易变形的固体相比，液体表面的电荷对液面分子的运动和排列的影响更为明显。Efimov 等通过液滴重量平衡的方法测量了电场对液体表面张力的影响，结果表明，交流电压对液面张力没有显著影响，但直流电压对液体表面张力有直接影响(见表 2-1)。

表 2-1　直流电压对液体表面张力的影响

外加电压/kV	γ_v/γ_0
0	1
1	0.811
2	0.681
2.5	0.523
4	0.293

随后，Schmid 等采用类似平板电容器的装置测量了电场对水和水溶液液面张力的影响，他们发现电场对液面张力有显著的影响，即正负电场均降低液面张力，但是其影响小于 Efimov 等对液滴表面的观察结果。这里有一种可能的机制是液面水分子为定向有序排列。因此，某种原子的液面分布存在相对过剩[1]。

2.3　液体的介电性能和电偶极子

介电性能表征了物质对外加电场的响应，即表征了在电场中的极化行为。由于液体分子本身的极性或在外加电场的作用下产生正负电荷中心的错位而产生感生极性，液体在电场中的极化行为也是其特征行为之一。

$$m=\alpha_D E \tag{2-2}$$

式中，α 是液体的极化系数。对于极性液体，在具有极距 μ 时，其取向极化为

$$\alpha_0=\mu^2/3kT \tag{2-3}$$

式中，k 为波尔兹曼常数，T 为绝对温度。

液体总的极化系数为两者之和，即

$$\alpha_T=\alpha_D+\alpha_0=1+\mu^2/3kT \tag{2-4}$$

另外一个重要物理量是电位移 D，这里

$$D=\varepsilon_0\boldsymbol{E}+\boldsymbol{P} \tag{2-5}$$

其中，ε_0 为真空介电常数。

2.4 液滴的分离电荷理论

液滴表面由于带有电荷,伴随的电场强度涉及到两个方面:周围环境的气体击穿放电和液滴表面由于强烈的电荷排斥作用而破裂(Rayleigh 发射)。下面分别予以简述。

2.4.1 液体表面附近的气体击穿放电

对于均匀电场而言,空气的击穿强度为 3×10^{6} V/m。对于微小液滴而言,附近由液面电荷产生的电场随离开液滴表面距离的平方成反比下降,由于表面电荷的高度不均匀性,液滴附近某点的最高场强一般高于 3×10^{6} V/m。一个经验公式是

$$E=9.3\times10^{5}R^{-0.3} \tag{2-6}$$

由此可以推断液滴表面最大电荷密度为

$$q=1.03\times10^{-4}R^{1.7} \tag{2-7}$$

这一关系明确了液滴表面可能带有的最大电荷密度,对于估计有关物理量非常重要[2]。

2.4.2 液体表面电荷密度的极限

对于某些具有较低表面张力的液体,在其所携带表面电荷尚未达到上面所说的极限时,由于电荷之间的库伦相斥力可能超过其表面张力,即发生液滴的破裂。有时是液滴表面被挤出一个突起,发生液体喷射,直到电荷之间的库伦相斥力小于其表面张力时,重新达到平衡。

对于一个完美液滴,向外的电荷斥力为 $\varepsilon_0E^2/2$,而由表面张力造成的向内的力为 $2\gamma/R$,其中,γ 为表面张力,R 为液滴半径。由下式得到

$$\varepsilon_0E^2/2=2\gamma/R \tag{2-8}$$

$$E=(4\gamma/\varepsilon_0R)^{1/2} \tag{2-9}$$

上式即是著名的 Rayleigh 极限。当超过此极限时,液滴失去稳定,液面发射出微小但带电量很高的更小液滴,此即为所谓的库伦喷射(Coulomb fission)(见图 2-2)[3]。库伦喷射在液滴电行为中至关重要。在下雨或雷暴天,空中的水滴常常带电。随着液滴的下降,水分不断蒸发,R 不断变小,而带有的电荷总量变化不大,在某个位置,水滴的表面场强达到上述极限时,水滴即发生分裂或喷射。

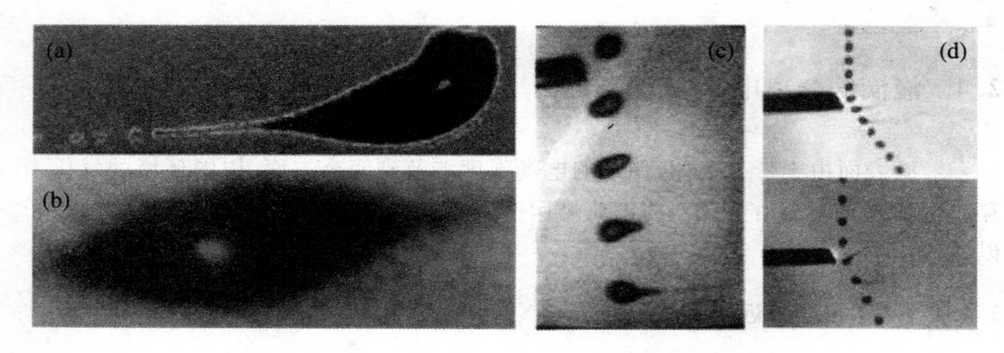

图 2-2　液滴发生库仑喷射的一些早期观察

图 2-2 中的(a)和(b)为 Gomez 和 Tang 在 1994 年报道的对电喷雾所产生的带电庚烷微液滴的观察结果，而图 2-2 中的(c)和(d)分别是 Hager 和 Dovichi 在 1994 年报道的对带电丙酮液滴的观察结果。从图中可以看到，由于外电场的影响，库仑喷射往往发生在液滴的一侧，只有在 (b)中，由于没有外电场的明显影响，库仑喷射才会对称发生。

图 2-3 是文献报道的电喷雾产生的带电水滴尺寸和带电量随时间的变化示意图[4]。由于蒸发，水滴尺寸逐渐减小，但带电量基本不变。当液滴表面电荷密度进一步增加，库伦静电斥力超过表面张力时，才会发生库仑喷射，并且库仑喷射可以多次发生。

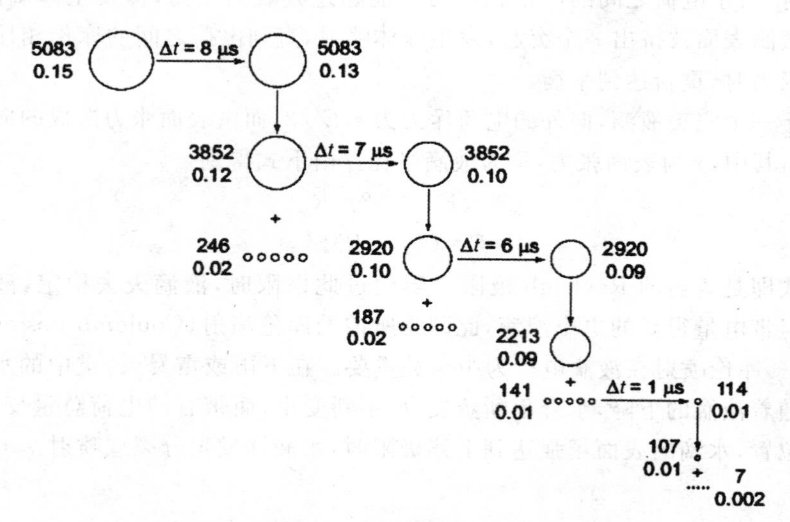

图 2-3　带电水滴尺寸和带电量随时间变化的示意图

（注意发生库仑喷射的时间和库仑喷射多次发生的情况）

2.4.3 液滴感应带电

图 2-4 是一种液滴感应带电的示意图，可用于打印墨水的充电。液滴沿着半径为 a 的喷管进入半径为 b 的圆管状对电极形成一个半径为 R 的液滴，在液滴离开喷管时将会带上感应电荷。

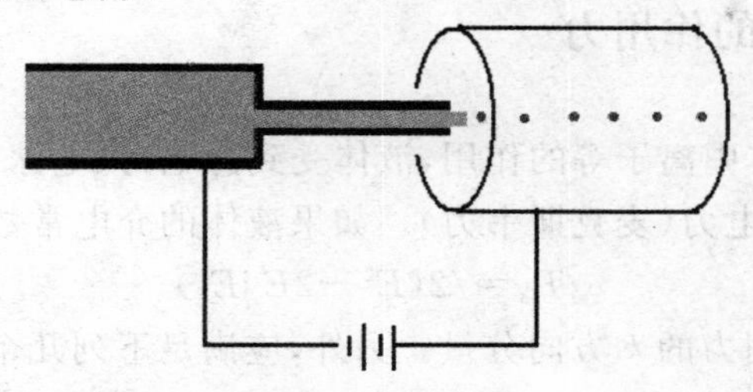

图 2-4 液滴感应带电示意图

对于长度为 l 的液体形成半径为 R 的液滴，则有

$$\pi a^2 l = 4/3\pi R^3 \tag{2-10}$$

如果液体与圆管电极间的静电电容为 C，电压为 V，则每个液滴表面带电量为 $q = CV$；如果液体与圆管电极的长度为同一数量级，则 $C = 2\pi\varepsilon_0 l/\ln(b/a)$，液滴所带电荷 q 为 $8\pi\varepsilon_0 R^3 V/3a^2\ln(b/a)$[5]。

2.4.4 电中性液体的分离带电

1892 年，Lairton 在研究瀑布产生的液滴时，发现瀑布产生的液滴有时会发生放电现象，这意味着液滴带有较多的正电荷，而这些正电荷和周围空气中的负离子会发生放电中和。随后，密里根的著名实验也从中得到启发，并发现从中性液体中产生的液滴带电有正负对称带电和非对称带电的不同情况。

一般来讲，如果所产生的液滴尺寸较大，这些液滴所带电荷的正负及个数是对称分布的，也即总的效果是抵消的。但是如果产生的液滴尺寸较小（微米以下），液滴往往有较大几率带有某种电荷，例如微小的水滴，往往带有负电荷。作为这一事实的最好例子之一是开尔文液滴发电机（见图 2-5）[2]。

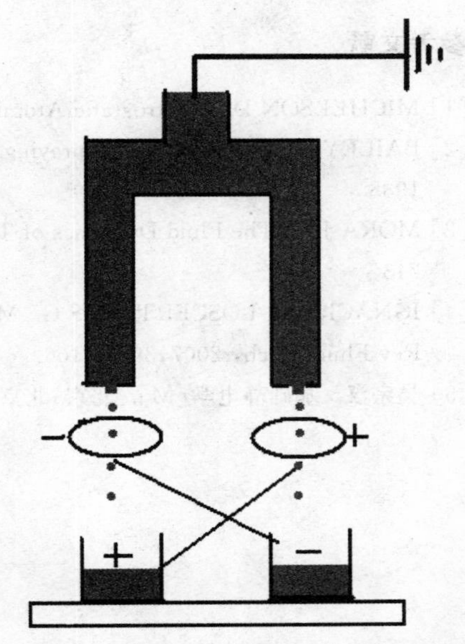

图 2-5 开尔文液滴发电机原理示意图

水滴从接地的水箱通过两侧的滴管滴落到两个分离且绝缘的水杯中。由于随机性，一个水杯带有某种净电荷，此时，该电荷使对方的感应线圈带上同种电荷，从而诱导对方以更大几率产生带有相反电荷的液滴，从而使己方的感应线圈带上异种电荷，进一步产生更多的净电荷，在几分钟内，电压可以达到几万伏。

2.5 电场对液体的作用力

由于电场对液体中离子等的作用，液体受到静电力、电泳力等作用。对于电喷雾而言，重要的是静电力(麦克斯韦力)。如果液体的介电常数为 ε，则

$$T_{ik}=/2(E^2-2E\,iE_k) \tag{2-11}$$

T_{ik}为垂直于 i 轴作用力的 k 方向分量。另外，应满足下列几个条件：

压力稳定条件：

$$p=\rho E \tag{2-12}$$

电流关系式为

$$J=J_e+J_v=\rho\mu E+\rho_v \tag{2-13}$$

式中，ε、ρ、μ 分别是液体的介电常数、电荷密度和离子迁移率。J_e和 J_v分别表示电场引起的漂移电流和液体流动引起的对流电流。

参考文献

[1] MICHELSON D. Electrostatic Atomization[M]. London: Taylor & Francis, 1990.

[2] BAILEY A G. Electrostatic spraying of liquids[M]. London: Research Studies Press LTD, 1988.

[3] MORA J F. The Fluid Dynamics of Taylor Cones[J]. Annu Rev Fluid Mech, 2007,39:217-243

[4] IGNACIO A, LOSCERTALES G. Micro- and Nanoparticles via Capillary Flows[J]. Annu Rev Fluid Mech, 2007,39:89-106.

[5] 吴宗汉. 基础静电学[M]. 北京:北京大学出版社, 2010.

第3章　电场喷射的产生和基本特点

电场喷射(electrospray)是指流体在电场中由于电场力作用发生快速流动或发生雾化的现象。本章介绍电场喷射的基本概念及目前的主要技术应用,主要集中介绍在材料制备中的应用。

电场喷射一般包括两种情况:电场喷雾和电纺。两者在材料制备中都有重要的应用。电场喷雾能够产生均匀的纳米到微米级的小液滴,一般用于粉体制备和薄膜沉积。在流体黏度较大时,液体射流在解理为微小液滴前,由于溶剂挥发或温度下降等原因,黏度急剧增大,雾化过程被抑制,细小射流被保留下来,从而由电纺过程直接得到细长的纤维状材料,经后续处理后得到纤维材料。

虽然电场喷射早在一个世纪前就已发现并开始研究其规律和可能的应用,而用于先进材料制备则成为近几年的研究热点。

电场喷射在自然界的存在是非常普遍的,例如在雷暴天,当乌云经过湖面时,强烈的电场作用会使湖水产生向上的喷泉(见图3-1(a));带电的雨滴会发生自发雾化。在人工建筑方面,一个不太引人注意的例子是雨滴在直流高压线上发生喷射现象(见图3-1(b))。关于电场喷射最早的观察和研究可以追溯到4个世纪前,当时 William Gilbert 观察到电场能够改变液体的表面形态。在18世纪,人们甚至发现如果人体处于高电场环境中,皮肤割破时血液不是像平常一样流出而是喷射成为血雾(见图3-1(c))[1]。后来,随着高速摄影技术的发展,拍摄到受外电场(10^6 V/m)极化,一个不带电的直径为225μm 的甲醇液滴爆发对称射流。其中射流携带的电荷相反,以保持液滴的电中性。

1882年,Rayleigh 发现稳态的液体表面在受到强电场作用时,液面变得不再稳定,甚至有液滴和射流出现。此后,Zeleny 对此做出了重要贡献。1915年,他研究了悬挂在玻璃毛细管下端的小液滴在电场作用下发生变形和产生射流的现象(见图3-2)。实验采用水和有机液体作为研究液体,首次揭示了电压阈值的存在:低于此值,液面保持稳定;高于此值,液面依然可以保持稳定,但是从液面开始喷射出细小带电的液滴。他报道了几种喷射模式(见图3-3)。1935年以后,Zeleny 还研究报道了喷射电流与实验参数的关系。但是,由于当时的实验条件局限,他未能定量地研究相关现象和提出较为合理的理论。他的基本理论也和其他研究者一样,建立在前期的工作基础上,即液面的平衡取决于电场力和表面张力的相互作用[1]。

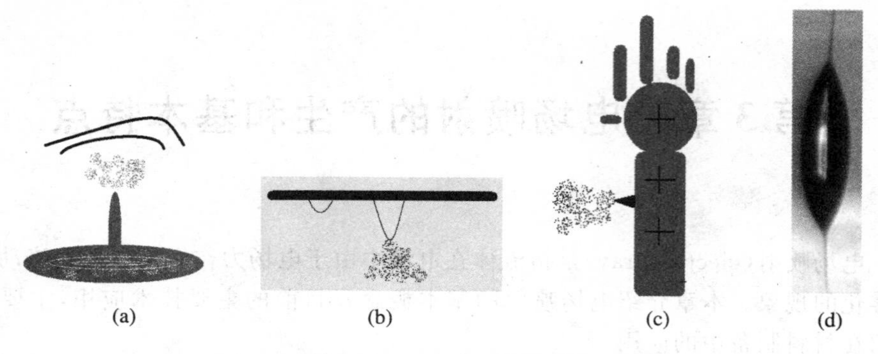

图 3-1　与强电场有关的液体行为示意图

(a),(b)和(c)分别是乌云的电场使湖水向上喷射,雨滴在直流高压线上发生喷射以及血液发生电场雾化。(d)受外电场(10^6 V/m)极化,一个不带电的直径为 225μm 的甲醇液滴爆发对称射流

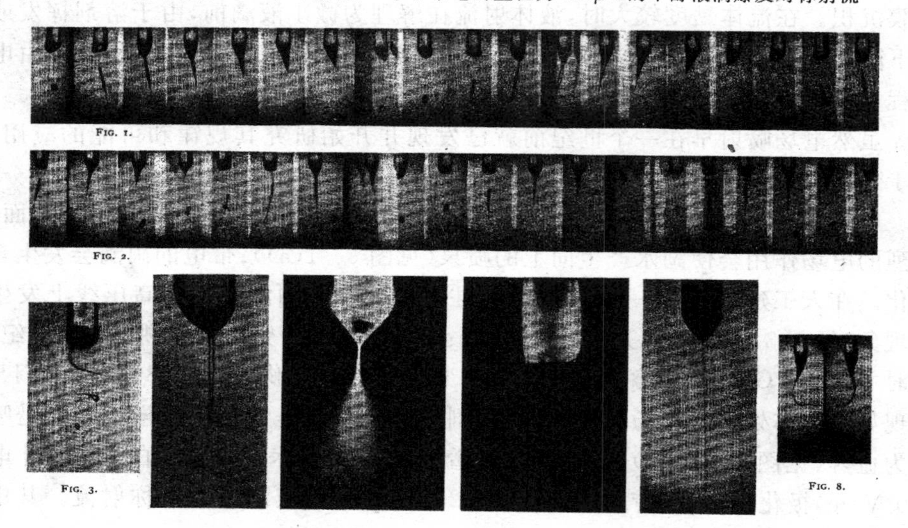

图 3-2　Zeleny 在 1915 报道的玻璃毛细管下端悬挂的小液滴在电场作用下发生变形和产生射流的现象[3]

由于后来动荡的世界局势,直到 1950 年以后,相关研究才重新得到重视,各种实验参数对于实验的影响得到系统的研究。1952 年,Vonnegut 和 Neubauer 使用了与 Zeleny 类似的研究装置,但是同时使用了直流和交流电压。他们通过电场喷雾,成功制备出单分散的颗粒气溶胶。但是他们依然无法从理论上令人信服地解释试验结果[2]。

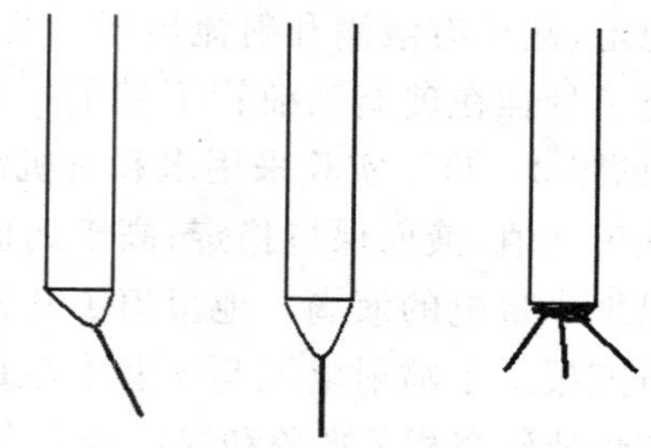

图 3-3　Zeleny 报道的几种喷射模式示意图[4]

Drozin 在 1955 年的工作基本上重复了先前的工作，但是他第一次发现具有较大有效介电常数的液体无法有效实现电喷雾。他也研究了液体电导率与液体对电场响应的关系[2]。Drozin 工作的重要性在于他把液体的物理性能和电场喷雾联系起来。他随后的工作着重在液滴的尺寸、液体性能以及实验装置对电场喷雾的影响上。Deshon 和 Carson 则采用甘油为实验液体，考察了液体表面的局域强度对喷雾的影响。

进入 20 世纪 90 年代后，关于电场喷射的研究重又得到重视。在 Journal of Aerosol Science 和 Journal of Electrostatics 等刊物上发表了大量相关论文，甚至出版了专辑。在欧洲和美国等地出现了研究热潮，韩国学者也做了很好的工作[5,6]。

3.1 电场中流体液面的连续变形过程

对于毛细管下端的液滴，外加的电场对其形态具有显著影响。管口附近的电场强度与所加电压 V、毛细管半径 r_c 及与电极的距离 H 有关[1]。

$$E=\frac{2V}{r_c\ln(4H/r_c)} \tag{3-1}$$

这里，我们考虑两种情况：液滴在重力和表面张力作用下处于平衡和液体以一定速度供给。

3.1.1 液滴在水静压力和表面张力作用下处于平衡

液滴在水静压力（重力）和表面张力作用下处于平衡时（见图 3-4），则

$$\frac{2\gamma}{R}=gd\Delta h \tag{3-2}$$

其中，R 为液滴半径，d 为液体密度，Δh 为液体的高度差，γ 为液体的表面张力系数。

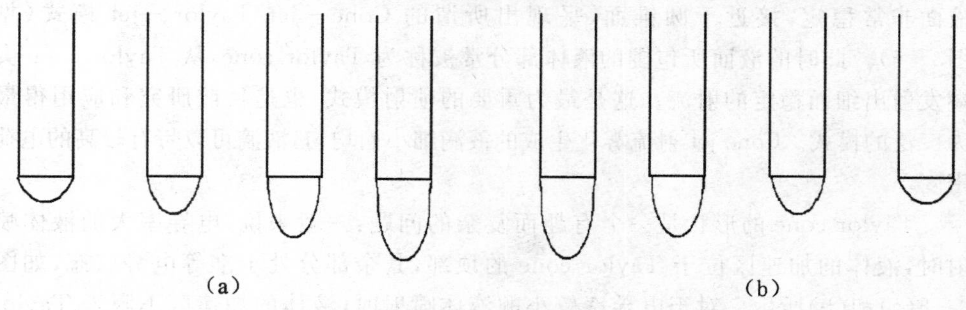

图 3-4 液滴在水静压力和表面张力作用下处于平衡

(a) 液滴所受的力平衡被破坏，液面被进一步向下拉伸；(b) 液滴所受的力平衡被破坏，液面被进一步向下拉伸

如果施加一个电场E,液面将出现电荷密度为σ的感生电荷($\sigma=\varepsilon_0 E$)。该电场因此对液面有一个垂直于液面的向外的电场力,即$F=\varepsilon_0 E^2$。

此时,由于液滴所受的力平衡被破坏,液面被进一步向下拉伸并最终脱离毛细管(见图3-3(a))。如要维持液滴的平衡,需要减小水静压力。

3.1.2 液体以一定速度供给

在流体以一定速度供给毛细管时,当管端的液滴所受到的水静压力超过表面张力时,液滴不断脱离形成液滴流,即Dripping模式。

如果此时施加电场,液滴在电场力作用下更早和更快地脱离管端并形成液滴流。此时产生的液滴小于未加电场时所产生的液滴,为Micro dripping模式。

3.2 电场中流体的不连续喷射过程

3.2.1 电场中流体的间歇喷射

如果继续增大电场强度,液滴更为细小,且液滴流成为连续射流。但是此时的射流为间歇式喷射,即Intermittent jet/pulsating jet模式,表现为从液面顶端短时间喷射出细长的射流,射流之间出现停顿。此时,液面在静电力和水的静压力作用下,克服表面张力,连续拉伸直到再次发生射流喷射。

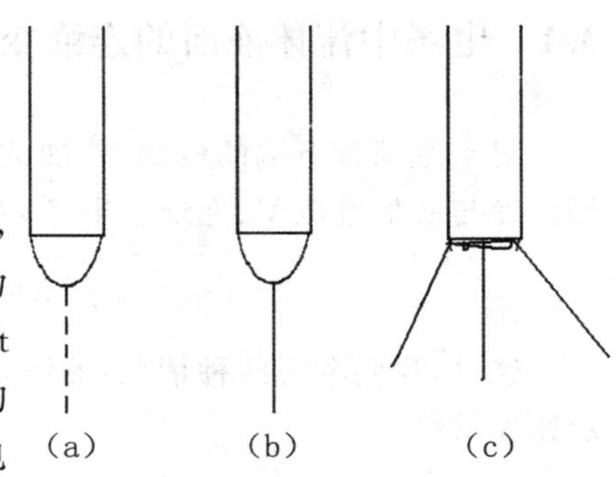

图3-5 常见的射流状态示意图

3.2.2 电场中流体的连续喷射过程和锥型喷射(Taylor-jet/Cone jet)

如果继续增大电场强度,液滴更为细小,且液滴流成为连续射流和连续喷射,液面非常稳定,接近于圆锥面,呈现出所谓的Cone-jet/Taylor-jet模式(见图3-6)。此时的液面所包围的液体部分常被称为Taylor cone,从Taylor cone尖端发射出细而稳定的射流。这是最为重要的喷射模式,也是目前研究和应用得最为广泛的模式。Cone-jet射流雾化生成的液滴细小而均匀,液滴可以带有较高的电荷密度。

Taylor cone的形状是一个有趣而复杂的问题:一般来说,电导率大的液体喷射时,液体的加速区位于Taylor cone的顶部,其余部分处于准等电势状态,如图3-6(a)和(b)所示。对于电导率较小的液体喷射时,液体的加速区不限于Taylor cone的顶部,有时可能延伸至Taylor cone的基面,此时液体较早开始加速,由于液体流动的连续性，即波努力原理，液面呈下凹状，如图 3-6(c)和(d)所示。如果存在不对称的因素，如电场分布不对称等，射流可能偏离中心(见图 3-6(e))。

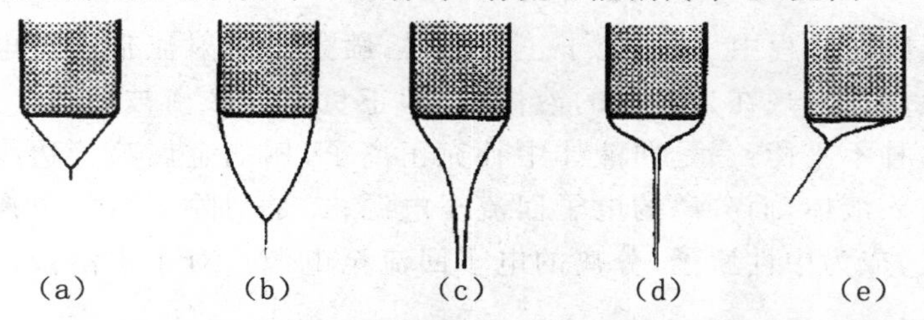

图 3-6　几种不同的 Cone jet/Taylor jet 模式[5]

3.2.3　多射流喷射(multi-jet)

如果继续增大电场强度，Taylor cone 会被破坏，成为不稳定的液面。从液面和毛细管端口处喷射出两个或两个以上射流，即为多射流喷射(multi-jet)模式。

对于液体流速和电压形成的工作窗口，图 3-7 总结了常见的喷射模式。但有时不一定所有模式都会出现，因为不同的喷射模式均与液体的物理性质和工作参数有关。理论上目前尚无法从初始边界条件出发，解析推断将会出现的喷射模式。

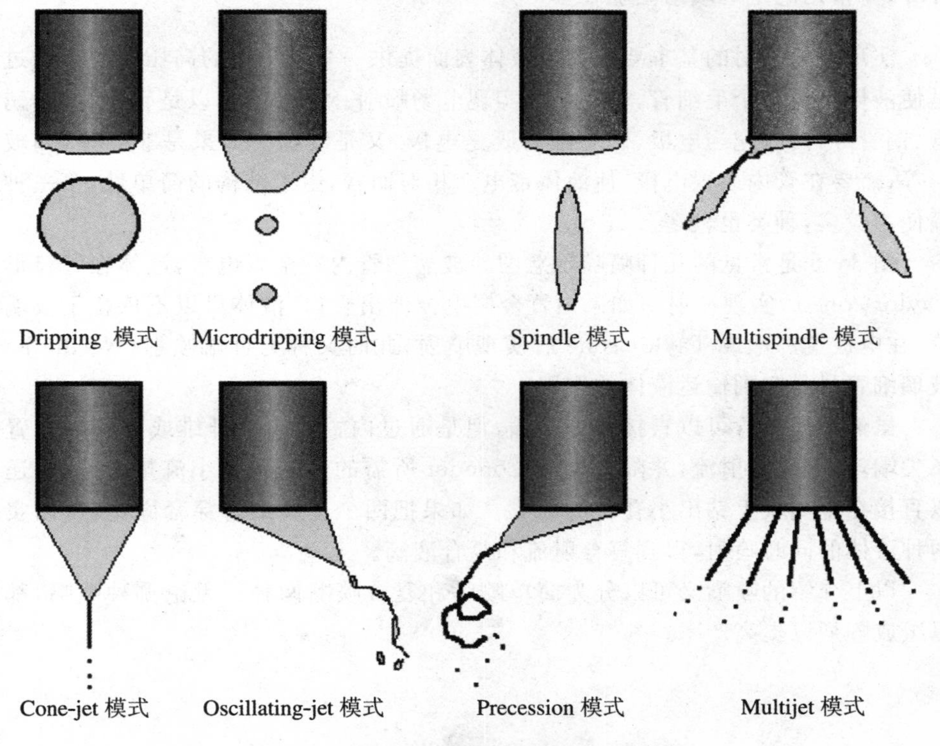

图 3-7　电场喷射中常见的喷射模式[6]

3.2.4 电场喷射的电荷转移

在电场喷射过程中，液体处于正电势时，喷射出的射流带有正电荷，此时会有多余的负电荷出现在未喷射的液体中，即正负电荷平衡被破坏。此时有两种方式消除这种不平衡：一是向液体中补充正离子，例如金属喷管边缘被腐蚀，金属正离子进入液体，而分离的电子回流至电源；二是消除多余的负离子，例如负离子被氧化，成为中性原子，分离的电子回流至电源。对于水溶液，上述两个机制如下所示：

$$M = M^{2+} + 2e \text{ 或 } 2OH^- = O_2 + H_2O + 2e \tag{3-3}$$

上述反应均发生在与液体接触的金属表面[7]。

由于通常的电场喷射产生的电流在纳安级，上述反应均不明显，如金属喷管的腐蚀，经长期的喷射后才能观察到较明显的痕迹。

3.3 常用的电场喷射基本装置

3.3.1 常用的电场喷射喷嘴

实现电场喷射的基本要求是为液体表面提供一个几千伏的高压。通常的过程是使液体流经一个毛细管，并在端部实现电场喷射。毛细管可以是导体，如不锈钢管、铜管等，同时充当电极，即毛细管既是电极，又是喷嘴。如果是非导体，如玻璃管等，需要在管内放置电极，使液体带电。相对而言，由于结构的简单性，第一种喷嘴使用较多，种类也较多。

图 3-8 是常见的几种喷嘴示意图。玻璃细管内置金属电极，液体在管口形成 Taylor cone 后实现喷射。如果内置金属电极伸出管口，液体可以不依赖于玻璃细管，在电极端部形成 Taylor cone 后实现喷射，此时又称为针端喷射(Needle jet)。玻璃细管只是起到输运液体的作用。

虽然金属细管可以直接作为喷嘴，但是通过内置非导体纤维或在管口放置金属尖端，可以稳定射流，并降低实现 Cone jet 所需的电压和最小流量。此外，还可以直接在金属块上钻出小孔作为喷嘴。如果把两个金属细管穿套固定，可以实现两种液体的同时喷射，得到复合射流和复合液滴。

以上介绍的喷嘴又可以分为简单喷嘴和复合喷嘴两种。无论哪种喷嘴，都可以组成阵列以提高产率。

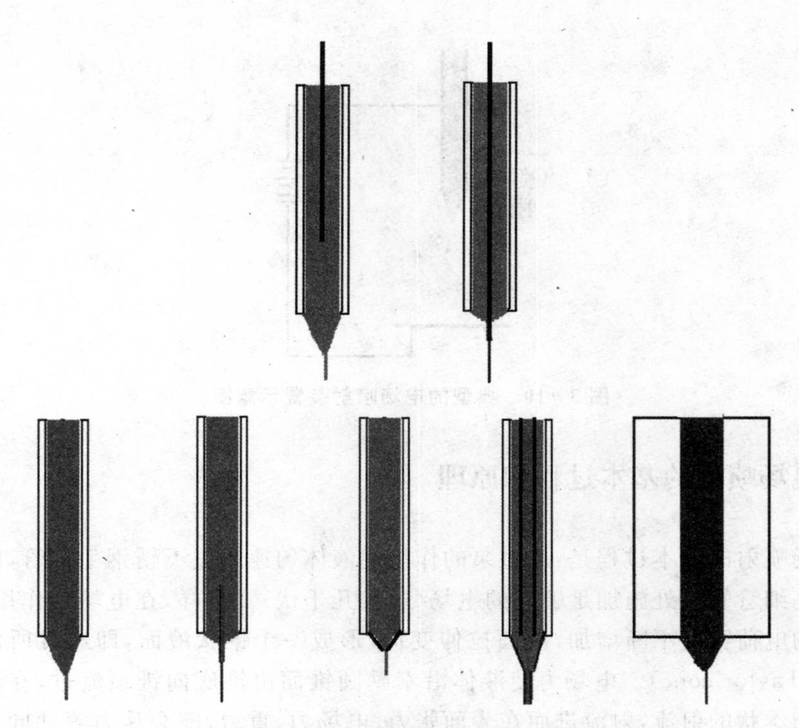

图 3-8 常见的几种喷嘴的结构示意图

3.3.2 常用的电场喷射对电极

一般情况下，液体与正电极接触，即液体带有正电荷。与液体形成电流回路的负极一般接地。实际上，由于射流与周围气体进行电荷交换，液体的对电极只是回流了一部分的电荷，另外部分从大地得到补偿。常用的对电极大致有下面几种：环形线圈状电极和空心板状电极，如图 3-9 所示。这类电极容许射流和液滴传过对电极，平版电极可以获得更加稳定的射流（见图 3-10）；针状电极用于集中射流，即获得较为密集分布的液滴雾。

图 3-9 常用的电场喷射对电极

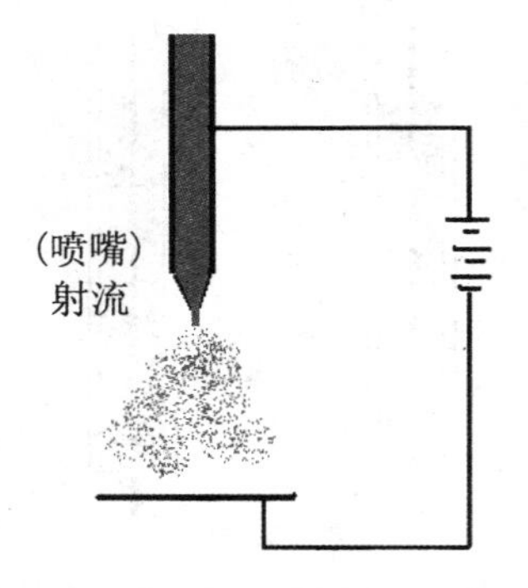

图 3-10　典型的电场喷射装置示意图

3.4　电场喷射的基本过程和原理

电场喷射的基本过程是：通过泵的作用使液体匀速通过不锈钢毛细管，同时在不锈钢毛细管管尖处施加足够高的电场（通常几千伏）。这样，在电场的作用下，液滴表面的电荷密度不断增加，液面拉伸变形，形成一个锥状液面，即通常所说的泰勒圆锥（Taylor cone）。电场力使液体沿泰勒圆锥面由锥底向锥顶流过，在顶点处发展为细丝状的射流，射流进而在表面张力、电场力、重力、库仑斥力等共同作用下破裂形成液滴，这些小液滴在空间电荷效应的影响下互相排斥，成为雾状，即

$$V_{on}=2\times10^{5}(\gamma r_{c})^{1/2}\ln(4H/r_{c}) \tag{3-4}$$

式中，γ 为表面张力系数，H 为喷嘴与对电极的距离，r_c 为毛细管半径[7]。

表 3-1 为常见液体的表面张力系数和实现 Cone-jet 所需电压的对照表。

表 3-1　常见液体的表面张力系数和实现 Cone-jet 所需电压

溶剂	CH_3OH	CH_3CN	$(CH_3)_2SO$	H_2O
γ/N/M	0.0226	0.030	0.043	0.073
V_{on}/kV	2.2	2.5	3	4

其中，喷嘴与对电极的距离为 4 cm，毛细管半径为 0.1 mm。

3.4.1　泰勒圆锥(Taylor cone)

Taylor 在 1964 年研究了液面在电场作用下的失稳现象，其中最重要的结果之一是发现了一个解析式，可以用来描述圆锥型液面的电场强度随半径的变化，并发现半圆锥角应当为 49.3[8]。

Taylor 在假设液面上一点的曲率半径与这点离端点的距离 R 成正比，在球坐

标中，得到表面张力和静电力与 R 和圆锥角 2α 的关系。在假设液面处于等电势 V 的情况下，可得到

$$V=V_0+AR^{1/2}P_{1/2}(\cos\theta) \tag{3-5}$$

式中，$P_{1/2}(\cos\theta)$ 为 1/2 阶 Legendre 函数，由于液面等电势，故 $P_{1/2}(\cos\theta)$ 应为 0，也即半圆锥角 $\alpha_T=49.3^\circ$。

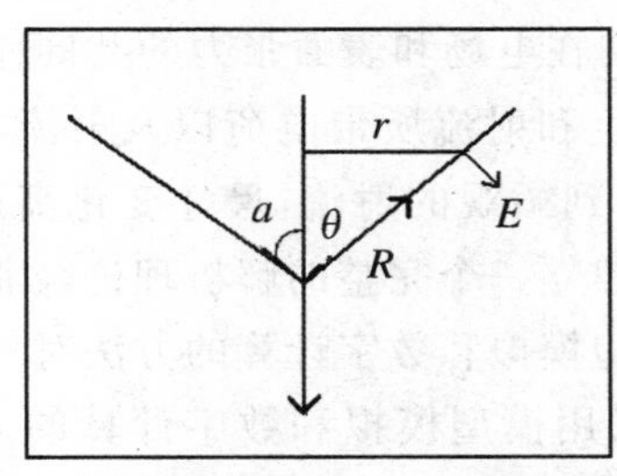

图 3-11　在电场作用下液面形成 Taylor cone[1]

显然，在圆锥顶点处 E 不可能无限大，即顶点实际应为一个圆弧而非奇点。液面上某处的电场由下式决定：

$$E=300(8\pi\gamma\cot\alpha)^{1/2}r^{-1/2} \tag{3-6}$$

Taylor 通过仔细设计实验装置和电极形状，实现了所描述的圆锥型液面。在实际的电场喷射中，由于存在着射流，即电荷和质量的变化，与 Taylor 所要求的条件有偏差，但是发现 Cone jet 的半圆锥角确实约为 49.3°。

关于电场喷雾的机理，迄今尚存在分歧。但是以后的理论分析工作，尤其是探求解析解的工作基本都是建立在这项工作的基础上的。值得指出的是，在以后的实验研究方面，Hayati 等的工作具有里程碑的作用[9]。他们巧妙地利用了颗粒参杂的液体作为喷射液体，通过观测颗粒的运动了解液滴中液体的流动，第一次明确揭示出 Taylor Cone 的中心部位存在向上的回流，而射流由 Taylor Cone 表面的液体层加速汇聚到 Taylor Cone 尖端。这项工作改正了以前认为液体通过 Taylor Cone 整个截面，尤其是沿轴线快速流动而形成射流的不正确观念，为以后的研究建立了新的基础。

以上是假设静电力与液体表面张力平衡，如果有液体压力存在，此时液面侧线将会发生弯曲，如图 3-11 所示。Higuera 通过延拓 Taylor 的工作，做出一个简洁的解释[10]，即在球坐标中，设 $\rho=a_i R$，则有

$$V(\rho,\theta)=V_0+AR^{1/2}\{P_{1/2}(\cos\theta)+\alpha_1\rho P_{3/2}(\cos\theta)+\alpha_2\rho P_{5/2}(\cos\theta)+\cdots+\alpha_n\rho P_{n+1/2}(\cos\theta)+\cdots\} \tag{3-7}$$

以及

$$\theta(R)=\alpha_T+\beta_1\rho+\beta_2\rho^2+\beta_2\rho^2+\beta_3\rho^3+\cdots \tag{3-8}$$

如果液面内外压强差为 Δp，则

$$\Delta p/\gamma = -0.524826 a_1 \tag{3-9}$$

这里，对于 $a_1 = 1, 0, -1$，分别对应内凹、平直和外凸三种 Taylor Cone。其中$a_1 = 0$对应的侧线为直线的理想 Taylor Cone。

3.4.2 Cone jet 形成过程的理论模拟

虽然 Taylor 的工作证明在电场和表面张力的共同作用下，液面可以成为圆锥面，但是无法预测射流的产生和射流所带电荷以及射流本身的尺寸问题。这里的最大难点在于从宏观的喷口到微观的射流，尺寸变化高达几个数量级。其变化的幅度已经类似于突变，所以建立一个完整的解析理论是非常困难的。

鉴于上述原因，使用模型模拟和数字计算的方法对理解电场喷射有重要意义。

Joffre 在 1986 年首先采用模型模拟和数字计算的方法来推测液面的可能形状，顶点被光滑化，而不是 Taylor 的工作所要求的严格的数学上的圆锥面。但是，Joffre 的工作与 Taylor 的工作类似，也无法用于有射流的液面形状研究。

1997 年，西班牙的 A Gannan - Calvo 在理论方面取得突破(见图 3 - 12，图 3 - 13)，通过延读 Taylor 的工作，成功地计算出准导电液体的射流表面电场分布和射流直径等[11]。

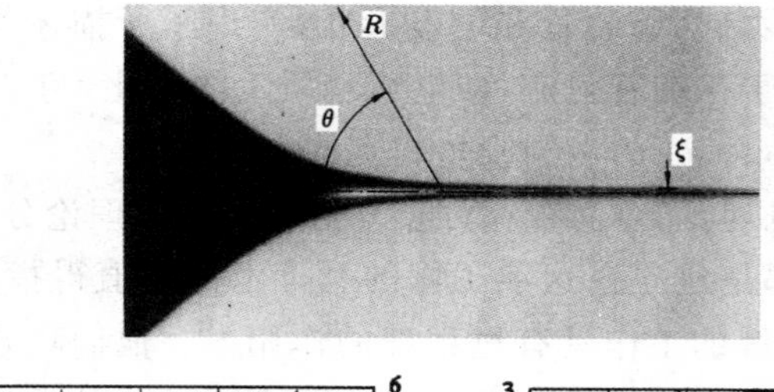

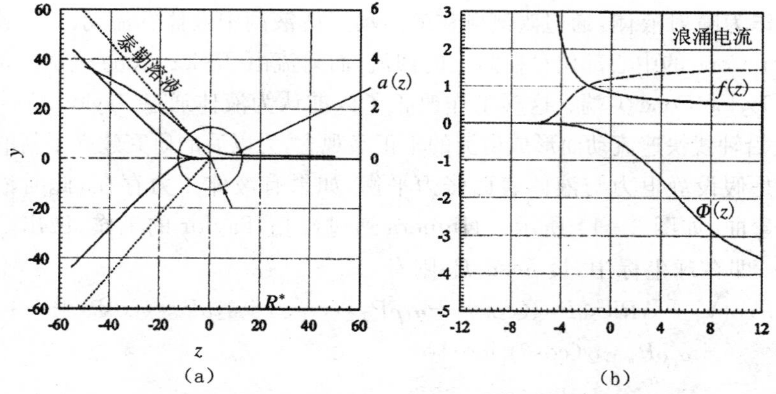

图 3 - 12 甘南-卡尔沃对泰勒工作的延拓

(a) 锥射流形状和电荷沿轴向分布(虚线为理论泰勒锥)；(b) 射流形状和沿射流表面的对流电流以及电势降[11]。坐标系参照上图。

1999 年,哈特曼等人在甘南-卡尔沃工作的基础上,首先完成了准一维模型的研究工作,得到的液面形状与实验基本吻合,且计算出射流和液面的电场分布。随后,Yan 等人在此基础上发展出二维模型。

3.4.2.1 哈特曼等人的准一维模型[12]

哈特曼等人的准一维模型也是采用尝试法进行计算的,即先假设液面形状,然后得到相关参量,通过反馈修正得到符合实验观察的结果。其中,共有三个计算需要相互协调:表面电荷、轴向液体流速和电场强度。

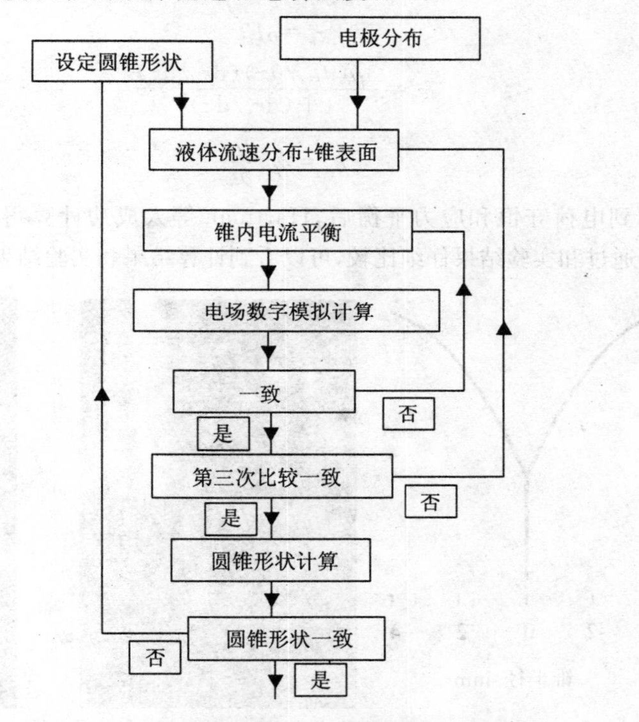

图 3-13 哈特曼等人的准一维模型模拟流程图

这里,一维 Navier-Stokes 方程涉及势能(液体压力 p_{liq} 和重力 p_{g})和动能 p_{kin} 与能量输入相平衡。其中涉及到切向电场力 τ_{e} 和极化力 σ_{ε} 以及黏度力(σ_{μ} 和 τ_{μ})引起的能量耗散:

$$\frac{\partial(p_{\mathrm{kin}}+p_{\mathrm{liq}}-\sigma_{\mu}-\sigma_{\varepsilon}-p_{\mathrm{g}})}{\partial z}=\frac{2}{r}(\tau_{\mu}+\tau_{\mathrm{e}}) \tag{3-10}$$

其中,$p_{\mathrm{liq}}=p_{\mathrm{air}}+p_{\mu}+p_{\mathrm{en}}+p_{\mathrm{s}}$。这里的四项分别为气压,表面黏度力,法向电场力和表面张力。

$$p_{\mathrm{s}}=\frac{2}{r}\gamma_{\mathrm{s}} \tag{3-11}$$

$$p_{en}=-\frac{1}{2}\varepsilon_0(E_{n,out}^2-2\varepsilon_r E_{n,ins}^2+E_{n,ins}^2) \tag{3-12}$$

$$p_{\mu}=\frac{2(dr_s/dz)^2-1}{(dr_s/dz)^2+1}\mu\frac{\partial u_z}{\partial z} \tag{3-13}$$

$$p_{kin}=C\frac{1}{2}d(\bar{u}_z)^2 \tag{3-14}$$

$$\sigma_{\varepsilon}=\frac{1}{2}(\varepsilon_r-1)\varepsilon_0(E_{n,ins}^2+E_t^2) \tag{3-15}$$

$$\tau_e=\sigma E_t \tag{3-16}$$

$$\tau_{\mu}=\frac{3\mu(\partial\mu_z/\partial z)(dr_s/dz)}{1+(dr_s/dz)^2} \tag{3-17}$$

$$\sigma_{\mu}=2\mu\frac{\partial\mu_z}{\partial z} \tag{3-18}$$

在考虑到电荷守恒和应力平衡后，Hartman 等人成功计算得到液面的形状(见图 3-14)。通过和实验结果仔细比较，可以看到计算结果和实验结果基本符合。

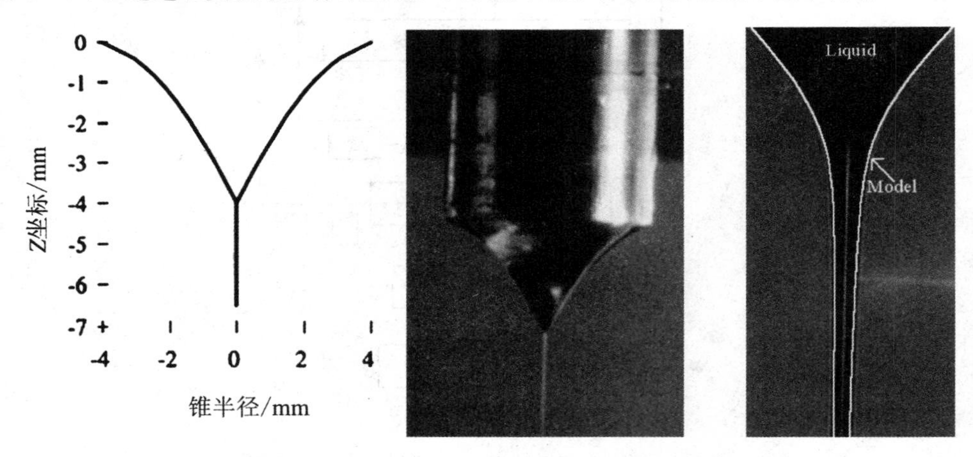

图 3-14　Hartman 等人计算得到乙二醇在 Taylor 喷射时液面形状和实验液面比较(自左向右)

根据同一模型，Hartman 等人还计算得到液面附近电场的分布曲线(见图 3-15)。通过相互比较发现，作用在液面的切向电场力接近射流形成区域时，就会急剧增大，达到最大值后，随射流发展逐步降低。这一结论与先前的看法是一致的，即由于较大的截面积，离开顶点一定距离的 Taylor cone 基本是一个等电势体。因此，由于沿液体流动方向的电势差所产生的切向电场力很小，到达 Taylor cone 的顶点附近时，液体截面积急剧减小，伴随电阻和沿液体流动方向的电势差的快速增大，切向电场力也快速增大。在射流形成后，对流电导占据优势，切向电场力重又逐渐降低。作用在液面上的法向电场力表现出了类似的规律，即在射流形成阶段达到顶峰。这种变化与液体的表面电荷密度密切相关。在接近液体射流形成阶段时,电流的传导由欧姆电导转换为对流电导,即依赖于表面电荷密度的液体流动。随着流体界面积的减小,需要增加表面电荷密度以保证电流传导的连续性。射流出现后,这种要求依然存在,而且在前进过程中射流虽然在继续加速,但是直径只是缓慢减小,所以法向电场力下降较少。

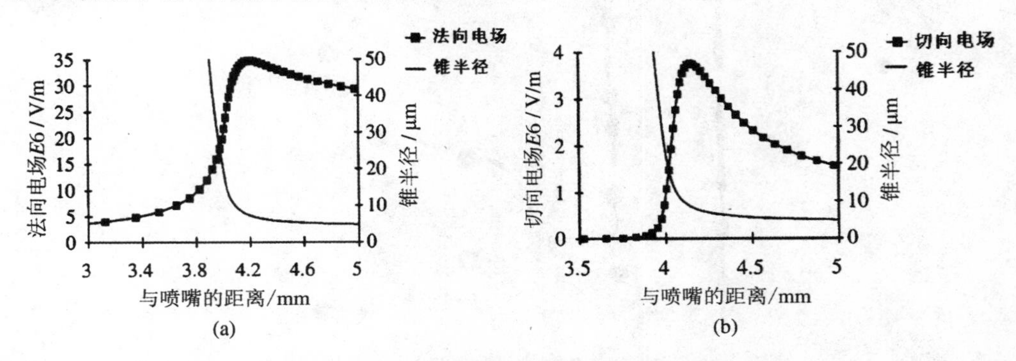

图 3-15　Hartman 等计算得到液面附近的电场分布图

3.4.2.2　Yan 等人的二维模型[13]

Yan 等人采用二维模型模拟计算了射流的形成过程和液面附近的电场分布,得到的变化规律与 Hartman 等人的结论基本一致(见图 3-16)。

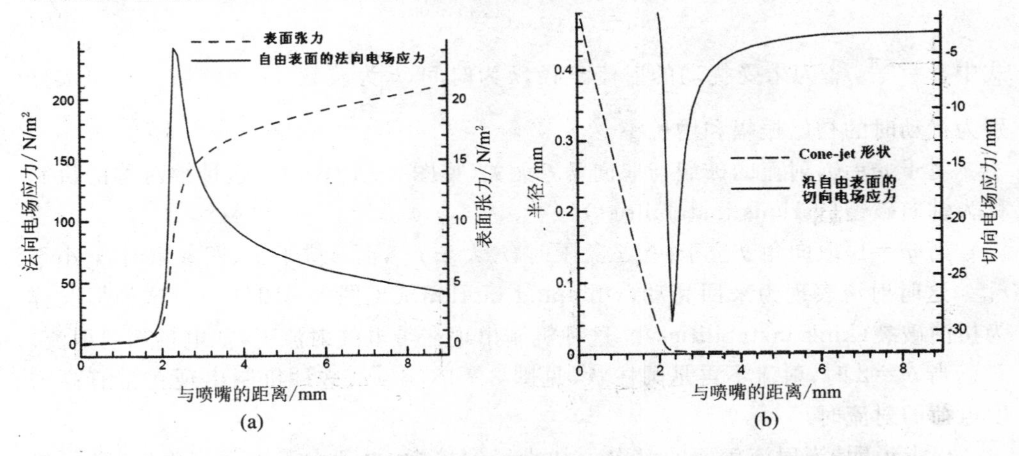

图 3-16　Fan 等人计算中采用二维模型得到的 Taylor cone 液面附近的电场分布

3.4.3　射流破裂的理论分析

3.4.3.1　射流的破裂机制

射流的破裂,即完整的圆柱状液体分解为液滴,是一个能量降低的自发过程。

电场喷射产生的射流经历同样类似的分解过程。借助于高速摄像技术，人们发现并研究了带电射流破裂产生微小液滴的过程，此时主要有两种机制控制射流分解过程，即低电荷密度时的射流轴向(varicose)破裂和高电荷密度时的鞭式(whip)破裂，如图 3-17 所示。

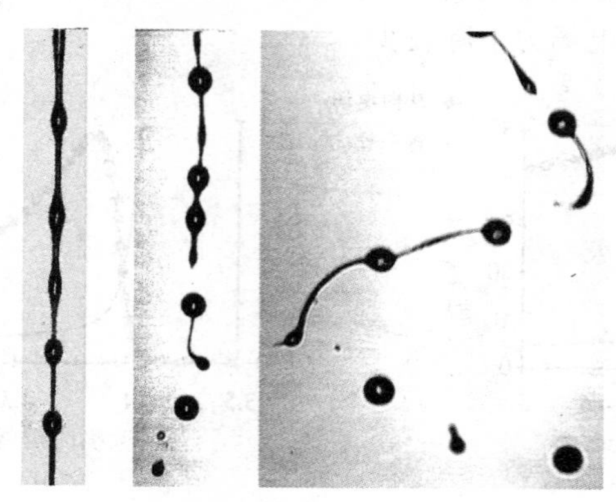

图 3-17 低电荷密度时射流的轴向(varicose)破裂向高电荷密度时的鞭式(whipping)破裂变化(从左到右)[14]

对于沿射流较小的扰动，且扰动为谐波时，在圆柱坐标系中，射流的半径 r_s 可以表示为

$$r_s = r_{jet} + \alpha_0 e^{(\omega t + im\theta - ijkz)} \tag{3-19}$$

式中，$k=\dfrac{2\pi}{\lambda}$，r_{jet} 为未受扰动的射流半径，t 为时间，k 为波数，m 为常数。α_0 和 ω 分别为扰动时的初始振幅和增长率。

对于 $m=0$，射流的破裂与取向角 θ 无关(见图 3-18(a))。这种轴对称的机制称为轴向破裂(various instabilities)。

当 $m=1$，取向角 θ 位于一、二象限时，r_s 大于 r_{jet}，而 θ 位于三、四象限时，r_s 小于 r_{jet}。这时射流表现为来回晃动(whipping motion)(见图 3-18(b))。这种情况称为扭曲破裂(kink instabilities)。这种机制出现在带电的射流上，如电场喷射射流。

当 $m=2$ 时，射流不再是圆柱状(见图 3-18(c))。这种机制出现在带有高密度电荷的射流时。

以上说明，当射流表面的静电力从小于到接近，再到大于表面张力时，破裂机制更趋复杂。而且，射流破裂得到的液滴由基本一致的液滴组成转向由尺寸多分布的主要液滴和卫星液滴组成。

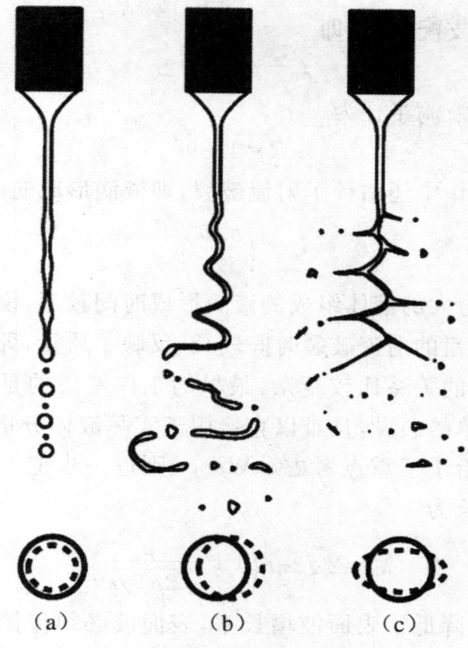

图 3-18　三种射流破裂机制[14]

(a) $m=0$; (b) $m=1$; (c) $m=2$

3.4.3.2　射流轴向(varicose)破裂的 Rayleigh 理论

Rayleigh 从扰动的假设出发,研究了低速非黏性液体射流受到扰动破裂的现象。在射流受到扰动后,其能量为

$$E_s=\frac{\pi\gamma}{4r}(k^2+n^2-1)b_n^2 \tag{3-20}$$

式中,E_s为表面势能,$2r$ 为射流直径,b_n为傅里叶级数系数,$k=2\pi/\lambda$ 为表面波波数,$n=0,1,2,3,4,5,$[15]…

与未受扰动的射流相比,如果 E_s为正值,系统处于稳定状态,即扰动会随时间快速减小。当 E_s为负值时,系统处于非稳定状态,扰动随时间按照指数关系快速增大。其中,有一个波长优于其他波长,其对应扰动处于优势支配地位。Plateau 在 1945 年证明了对于一个大于射流周长的波长,上述条件总是可以满足的。虽然 Plateau 的结论只是针对不带电射流,实际上对于带电射流也是成立的。

如果 b_n正比于 $\exp(\omega t)$,其中 ω 为表面波增长率,t 为时间,Rayleigh 得出的最大表面波增长率为

$$\omega_{\max}=0.97\left(\frac{\gamma}{8\rho_{\text{liq}}r^3}\right)^{1/2} \tag{3-21}$$

相应的波长称为支配波长，即

$$\lambda_d = 4.51 \cdot 2r \tag{3-22}$$

射流破裂得到的液滴半径为

$$R = 1.89r \tag{3-23}$$

Rayleigh 在其工作中还估计了射流破裂，即液滴形成的时间：

$$t_d = \left(\frac{r_{jet}^3 d}{\gamma}\right)^{1/2} \tag{3-24}$$

可见，由表面张力大的液体组成的液滴形成时间较短，说明总表面能的降低是射流破裂的动力。较粗的射流破裂时间较长，反映了质量，即惯性的影响。

黏度与电场喷雾的关系比较复杂，最早的工作考虑的是没有黏度的液体。显然，这是一个过于简单的假设，且难以直接用于实际液体分析。Basset 在随后的工作中，对黏度的影响给予了重点考虑。Weber 则进一步把上述结果修正推广到黏性液体，得到支配波长为

$$\lambda_d = 2\sqrt{2}\pi r\left(1 + \frac{3\mu}{\sqrt{2\rho_{liq}\gamma r}}\right)^{1/2} \tag{3-25}$$

由于黏性力大大降低了表面波增长率，表面波必须传播更长时间才能使射流分解，甚至使射流在分解之前固化或到达对电极，此时电场喷雾转变为所谓的电纺(electrospinning)。另外，由于黏度的增加，支配波长增大，远大于非黏性流体。因此，黏性液体射流得到的液滴远大于非黏性液体射流得到的液滴。

3.4.3.3 表面波理论

最近，由 Hartman 等通过建立模型，用数字计算的方法预测了射流破裂的过程，得到与实验观察基本一致的结果[14]。

Hartman 等的研究表明，对于归一化表面波增长率 ω' $\left(\omega' = \frac{\omega r_{jet}^{1.5} d^{0.5}}{\gamma^{0.5}}\right)$来讲，Ohnesorge 系数 Oh $\left(Oh = \frac{\mu}{(\gamma d r_{jet})^{1/2}}\right)$越大，即黏度力相对于表面张力越大，对应的支配波长越长，与前面的理论是一致的。

重要的是，当 R_{E_s} $\left(R_{E_s} = \frac{\sigma^2 r_{jet}}{2\gamma\varepsilon_0}\right)$增大，也即表面电荷密度增大时，对应的支配波数也就越大，得到的液滴相应越小，如图 3-19 所示。这一结论与实验结果是一致的。

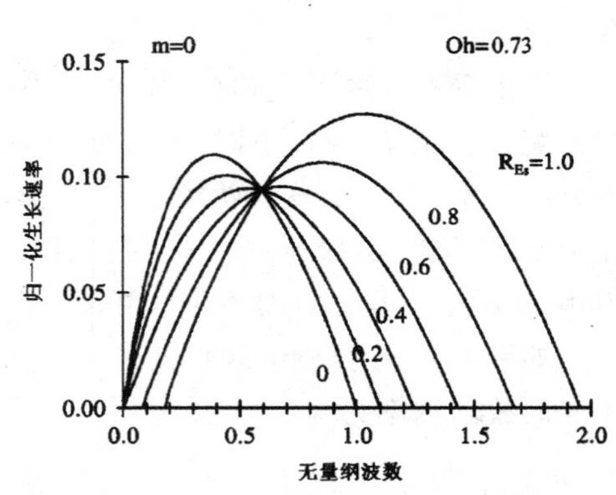

图 3-19　波数对扰动波振幅增长的影响

3.4.4 标度率(Scaling law)和最小液体流速

3.4.4.1 标度率(Scaling law)

由于实验装置的多样性和实验参数的改变，在电场喷雾研究试验中，难以得到准确的电流、液滴尺寸和流速、液体的物理性能等的关系。即无法用一个精确的代数式来表示其间的关系。为此，能够“大致”描述上述关系的方法是引入标度率以图给出各种参量之间的定量关系。

在关于标度率的研究工作中，有关无量纲常数及其意义是非常重要的。下面是常见的一些特征常数。

Convective time/Viscous time：表征扰动在液体中传播的快慢。

$$t_c = \frac{R}{V}$$

Capillary time/Tomotika time：表征扰动后的液体克服黏度力而恢复的快慢。

$$t_T = \frac{\mu_0}{\gamma/R}$$

Diffusional time：表征液体中的扰动克服黏度力传播的快慢。

$$t_D = \frac{R^2}{\mu/d}$$

Rayleigh time：表征液体中的扰动克服表面张力的快慢。

$$t_d = \left(\frac{R^3 d}{\gamma}\right)^{1/2}$$

Reynolds number：用于比较液体的惯性力和黏度力。

$$R_e = \frac{dV^2}{\mu V/R}$$

Weber number：用于比较液体的惯性力和表面张力。

$$W_e = \frac{dV^2}{\gamma/R}$$

Ohnesorge number：用于比较液体的黏度力和表面张力。

$$Oh = \frac{\mu}{\sqrt{d\gamma L}} = \frac{\sqrt{W_e}}{R_e}$$

Bond number：用于比较液体的特征尺度 R 和毛细管长度 λ。

$$\lambda = \sqrt{\frac{\gamma}{dg}}$$

Charge relaxation time：表征液体中的电荷通过体传导扩散的快慢。

$$t_e = \frac{\varepsilon}{\sigma}$$

最初的标度率的概念可能源自 Fernandez de la Mora 在 1990 年的工作。但是基本成功的标度率出现在 1994 年 Fernandez de la Mora 和 Loscertales 的工作中，他们第一次提出，并通过试验初步验证了下面的有关射流直径 D_d 以及射流所带电流 I_d 的标度率[16]。

$$I_d = b_2(\varepsilon_r)\left(\frac{\gamma Q K}{\varepsilon_r}\right)^{1/2} \tag{3-26}$$

$$D_d = b_1(\varepsilon_r)\left(\frac{Q\varepsilon_0\varepsilon_r}{K}\right)^{1/3} \tag{3-27}$$

其中，b_i 为与液体介电常数 ε_r 有关的函数，Q, K, γ 分别是流速、电导率和表面张力系数。

Fernandez de la Mora 和 Loscertales 工作的重要突破是，他们通过实验发现所加电压与上述的射流直径 D_d 以及射流所带电流 I_d 基本无关，从而避开了实验装置的复杂性，需要考虑的实验参数简化为一个可以精确控制的液体供给速度 Q，其余均是液体的本身物理性能，也为量纲分析提供了可能。上面的结果即是他们从量纲分析出发得到的结论，但是很多时候这个结论和实验结果不太符合。另外，Fernandez de la Mora 和 Loscertales 还提出了几个后来广泛使用的特征量：特征电流、特征射流直径和特征流速：

$$I_0 = \left(\frac{\varepsilon_0\gamma^2}{d}\right)^{1/2}, \quad D_0 = \left(\frac{\gamma\varepsilon_0^2}{dK^2}\right)^{1/3}, \quad Q_0 = \frac{\varepsilon_0\gamma^2}{Kd}$$

随后，在 1997 年，Gannan－Calvo 修正提出[11]：

$$I_d = 4.25\left(\frac{(\gamma Q K)}{\ln(Q/Q_0)}\right)^{1/2} \tag{3-28}$$

$$D_d = 3.78\pi^{-2/3}0.6Q^{1/2}\left(\frac{d\varepsilon_0}{\gamma K}\right)^{1/6} \tag{3-29}$$

式中，d 为液体密度。与 Fernandez de la Mora 和 Loscertales 的结果相比，Gannan-Calvo 的修正主要是针对相对介电强度对标度律的影响。

在 1998 年，Hartman 等人在关于电场喷射的模拟工作中，发现液体介电常数的影响很小。为此，Hartman 等人对 Fernandez de la Mora 和 Loscertales 的上述结果，做出下面简洁而明晰的推导[12]。

对于射流出现的过渡区域，这里传导电流等于对流电流，即

$$\pi r_{j*}^2 E_z K = 2\pi r_{j*} u_z \sigma \tag{3-30}$$

由于

$$\sigma = \left(\frac{\gamma\varepsilon_0}{r_{j*}}\right)^{1/2}, \quad E_z = \frac{\sigma}{\varepsilon_0}, \quad u_z = \frac{Q}{\pi r_{j*}^2}, \quad r_{j*}^3 = \frac{Q\varepsilon_0}{K}$$

故有

$$I=\frac{4\sigma Q}{r_{j*}}\left(\frac{\gamma\varepsilon_0 Q^2}{r_{j*}^3}\right)^{1/2}\quad(\gamma KQ)^{1/2} \tag{3-31}$$

其中，r_{j*}是射流在过渡区域的半径，E_z为此时轴向方向的电场强度，σ为表面电荷密度，其他参数如前。

两年以后，Hartman 等人针对射流的两种破裂机制，提出了下面的射流直径D_d的标度率：

轴向破碎：

$$D_d=Q^{1/2} \tag{3-32}$$

鞭式破碎：

$$D_d=Q^{1/3} \tag{3-33}$$

这里出现不同的标度率，根本原因是射流表面电荷密度的增大导致射流破裂的无规化和卫星液滴的出现。

目前为止，有关产生液滴尺寸的标度率的主要结论如下[6]：

$$D=\varphi\frac{Q^{\mathrm{I}}\varepsilon_0^{\mathrm{II}}d^{\mathrm{III}}}{\gamma^{\mathrm{IV}}K^{\mathrm{V}}} \tag{3-34}$$

式中，φ为一个无量纲数。

表 3-2　与标度率有关的五个指数

Ⅰ	Ⅱ	Ⅲ	Ⅳ	Ⅴ
1/3	1/3	0	0	1/3
1/2	1/6	1/6	1/6	1/6
1/2	1/6	1/6	1/6	1/6

3.4.4.2　保持 Taylor-jet 的最小液体流速

最小流速 $Q_{min}\left(Q_{min}=\frac{\varepsilon_0\varepsilon\gamma}{Kd}\right)$是一个非常重要的参数，对应于液体可能达到的最细射流，因而可能生成单分散的最小液滴，但是还没有 Q_{min} 存在的完美解释。Fernandez de la Mora 认为这可以与液体电荷分离的机制[10]相联系。对于含有的液体，射流可以携带的最大电流为 I，则有

$$I\leqslant I_{max}=neQ \tag{3-35}$$

式中，n为液体的离子对密度，Q为流速。

最大电流对应着液体中离子的完全解理。显然，一般情况下，电流小于可能携带的最大电流。

当液体进入电场时，正离子将被加速前进而负离子将被减速和返回。结果是出现净电荷而射流带电。一个转折点出现在液体流速等于负离子在电场中的漂移

速度时，正负离子完全分离。如果液体流速小于负离子在电场中的漂移速度时，负离子将会完全从射流中被“吸出”而最终破坏射流的稳定。即需要一个最小液体流速以维持设立稳定。

但是，以上的解释无法说明为什么 Taylor-jet 在细小的喷管口和在金属卡顶端可以工作在更小的流速中。如果从动力学方面看，Taylor-jet 需要一个稳定的液面内回流，因为侧面的液体在电场切向力作用下向顶点运动，并由于黏度力而带动下面的一层液体。这一被带动的液体的“有效厚度”与电场强度有关。与变化量级为 1 的电压稳定岛相比较，液体流速的变化要大几个数量级。因此，可以认为被带动的液体“有效厚度”是基本不变的。因此产生的回流也基本一样。这样，为实现稳定的 Taylor-jet，必须保证一个液体的最小流速以满足实现回流。即液体的最小流速对应于回流的液体量。另一方面，对于小的 Taylor Cone，其内部的回流很小，满足实现回流所需的液体的最小流速也相应减小。

同时，上述说法也可解释液体电导率增加时最小流速减小的原因。对于 K 的增加，对应着液体对电荷的屏蔽厚度，即随着 Debye 长度的减小，被带动的液体的“有效厚度”也将减小，所产生的回流变弱，满足实现回流所需的液体的最小流速也相应减小。

3.4.5 理论研究的最新进展

最近，Collins 等人在有关杂志上发表了关于 Cone-jet 形成和规律的最新研究结果，这是模拟研究的一个重要进展[17]。与以往模拟计算不同的是，Collins 等人的工作是“从头算”，即从最基本的 Navier-Stokes 方程和边界条件出发，计算在电场作用下液面会发生如何变化。以往的工作基本是先假设存在这样的 Cone-jet 喷射模式，然后按照自洽的要求得出计算结果。显然，如此处理相当于先假设方程存在解，在逻辑上是不完备的。

对于完全导体，电流的传导是瞬间完成的，即电荷弛豫时间尺度远小于液体流动的时间尺度。也即随着液面的变化，液面可以得到即时的电荷补充，由此产生的电场应力平衡等于此时的毛细管力，Taylor cone 的演变过程保持其自相似性，液体的流动也保持对称。对于非理想的导电液体，如果液面的变化快于电荷传递的速度，即电荷弛豫时间尺度远大于液体流动的时间尺度，则液面无法实现即时的电荷补充，此时的电场应力小于毛细管力。由于液体惯性的作用，液面的变形继续进行，但是 Taylor cone 的演变过程将无法保持其自相似性。液体的流动也不再保持对称。实际的结果是原有的 Taylor cone 形态被破坏而形成 Taylor－jet。

对于 Taylor－jet 的形成，主要还是作用在 Taylor cone 侧面的切向电场应力的作用。对于理想导电液体，沿此方向不存在电势差，也即无切向电场应力。相反，对于非理想导电液体，沿此方向存在电势差，由此产生一个切向电场应力。该应力指向 Taylor cone 顶端。虽然切向电场应力本身不能改变液体形状，但是通过液体内部摩擦力作用，即黏度力的动量传递，改变液体的流动方式。这里，最重要的模拟发现的结论之一就是内部将出现回流，且中心位置的回流方向向上（见图 3-20）。Hayati 等早先通过实验发现了这一令人惊奇的现象。

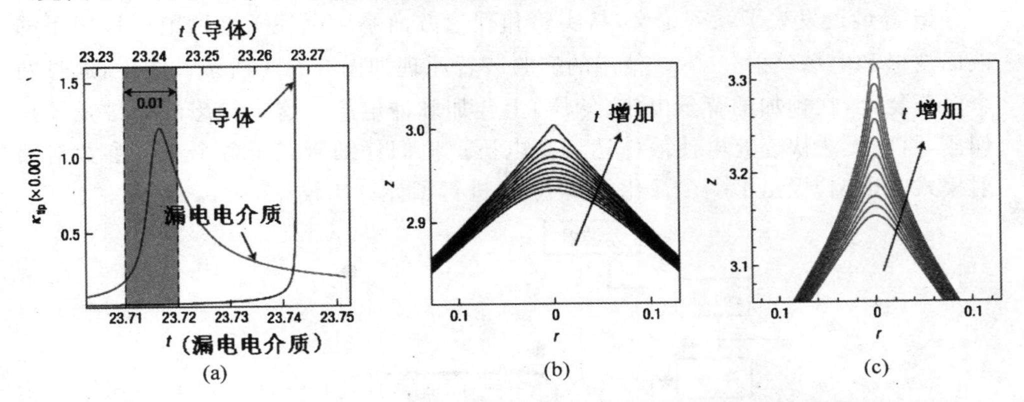

图 3-20　Collins 等人从 Navier-Stokes 方程和边界条件出发计算得到的电场对液面形态的影响关系

(a) 液面顶端的曲率随时间的变化；(b)和(c)分别为液面形态随时间的变化，且(b)和(c)分别表示理想导体和一般导体。

Collins 等人的另外一个重要结果是，如果考察没有连续液体供给的情况下，在射流发生 Rayleigh 解理后产生的液滴，其尺度遵守一个新的标度率：

$$r_d = KO_h\alpha^{1/3} \tag{3-36}$$

式中，K 为电导率，O_h 为 Ohnesorge number，α 为无量纲的电荷弛豫时间常数，即 Charge relaxation number/Rayleigh number。这一结果与前面的结果相比，一是考虑到黏度的影响，二是考虑到孤立的液体的影响，即非稳恒流动供给液体的影响。也可表示为

$$r_d = (Qt_e)^{1/3} \tag{3-37}$$

式中，Q 为液体供给的流速。还可以表示为

$$r_d = Q^{1/2}(t_e d/\gamma)^{1/6} \tag{3-38}$$

3.5　脉冲电压作用下的液面变形和电场喷射

虽然很早就有关于交变电压对电场喷射影响的研究，但是并不深入，也没有明确的结论。其中一个重要原因是以前的液体通过 Taylor Cone 整个截面流动而形

成射流的观念是错误的。关于电场喷雾的机理,迄今尚存在分歧。但是,Hayati等的工作揭示出在 Taylor Cone 中,中心部位存在向上的回流,而射流是由 Taylor Cone 表面的液体层加速汇聚到 Taylor Cone 的尖端形成的。

3.5.1 脉冲电压作用下的液面变形和电场喷射

Li 等最近发表了系列论文,从实验和理论方面系统阐述了脉冲电压作用下的液面变形和电场喷射[18-21]。使用的实验装置原理如图 3-21 所示。图中,通过两个电压复合,在预加的背景电压(偏压)上叠加脉冲电压。这个设想的关键是预加偏压,否则无法快速充电使液体达到高电压。他们仔细研究了各个工艺参数对喷射模式的影响,提出了一个简化的模型,并进行了计算比较。

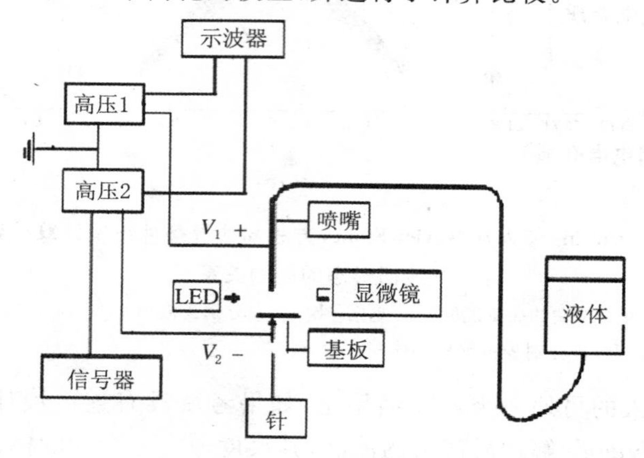

图 3-21 Li 等人的实验原理示意图

在只受偏压情况下,电场中的液滴主要受到重力、表面张力和电场力作用。在稳定状态下,电场力垂直于液面。为了简化,不考虑黏度力的作用。随着偏压增大,液面逐渐下移,显示电场力的作用逐渐增强(见图 3-22)。

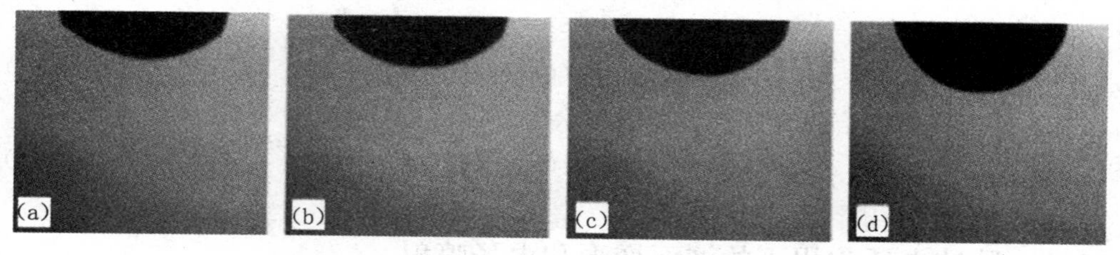

图 3-22 电场中的液滴在电压增加时发生的变形

在预加偏压上叠加脉冲电压,通过两个电压复合,电场喷射开始出现(见图 3-23),并且,脉冲长度有利于电场喷射。通过比较不同偏压和脉冲电压(见图 3-24

和图 3-25)，可以看到偏压对于电场喷射非常重要，较高的偏压和脉冲电压，能够实现 Cone-jet 喷射。但是即使总的电压达到阈值，Cone-jet 的形成也需要一定的时间，在这个实验中是 50 ms(见图 3-26 至图 3-28)。

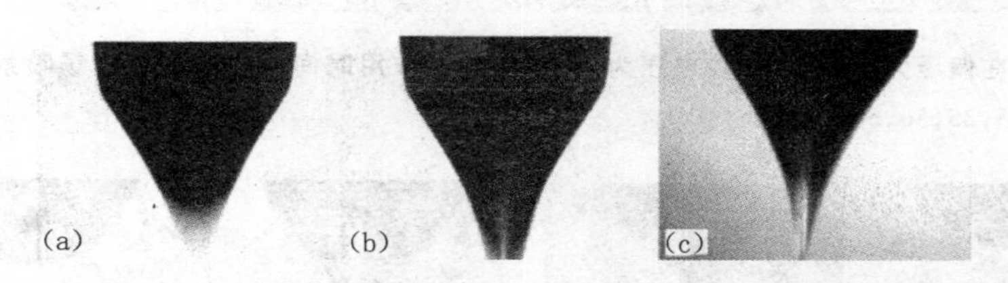

图 3-23　在偏压为 4.0 kV 和脉冲电压为 1.5 kV 的不同条件下，不同作用形成不同的电场喷射(依次为 50,200, 500 ms)

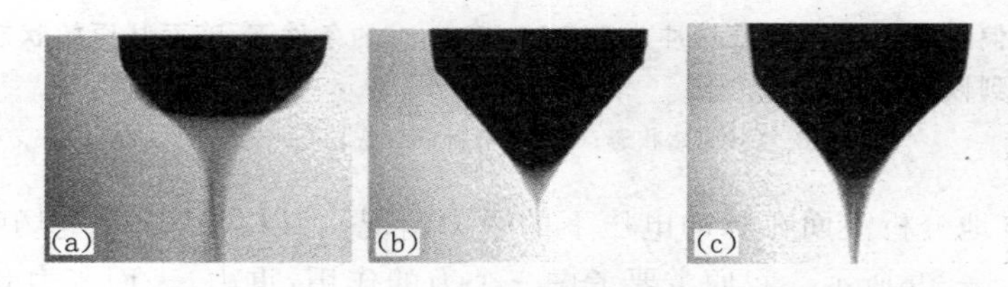

图 3-24　在偏压为 4.5 kV 和脉冲电压为 1.5 kV 的不同条件下，作用时间形成不同的电场喷射(依次为 20,50,100 ms)

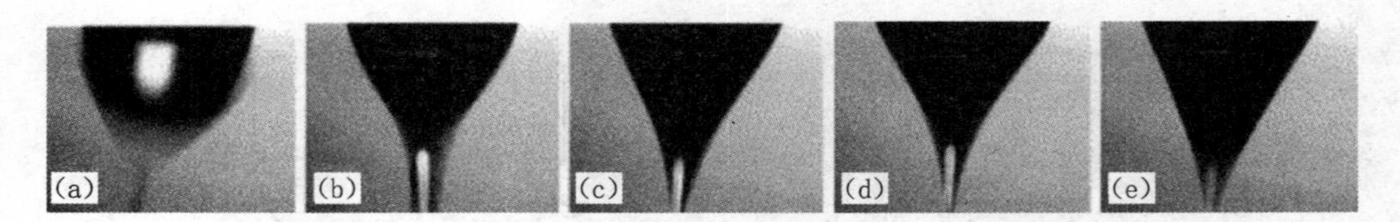

图 3-25　在偏压为 5 kV 和脉冲电压为 0.8 kV 的条件下，不同作用时间形成不同的电场喷射(依次为 25,50,75,500 ms,∞)

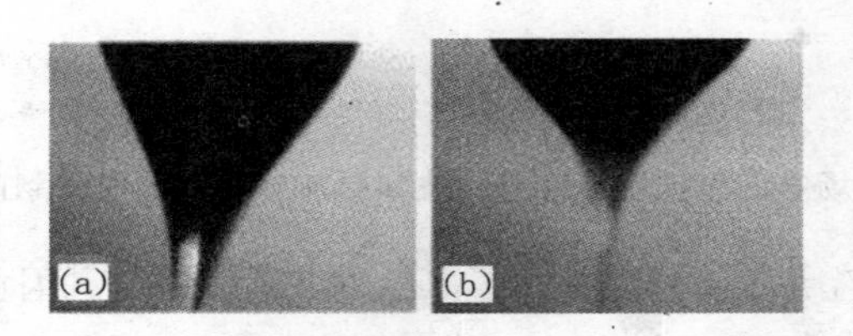

图 3-26　在偏压为 5 kV 和脉冲电压为 1.0 kV 的条件下，不同作用时间形成不同的电场喷射(依次为 50 ms,∞)

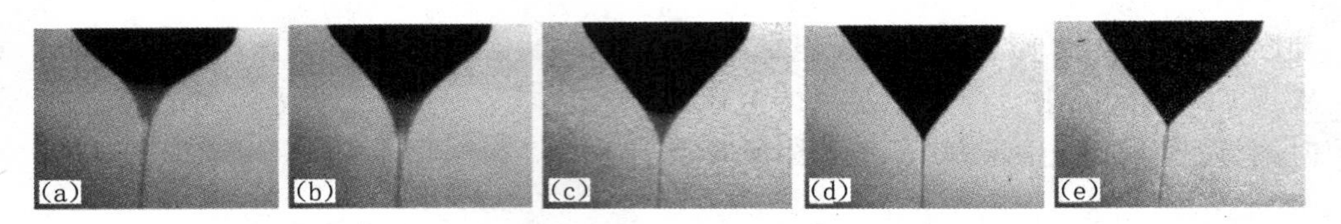

图 3-27　在偏压为 5 kV 和脉冲电压为 1.5 kV 不同作用时间形成不同的电场喷射(依次为 5,25,50,500 ms,∞)

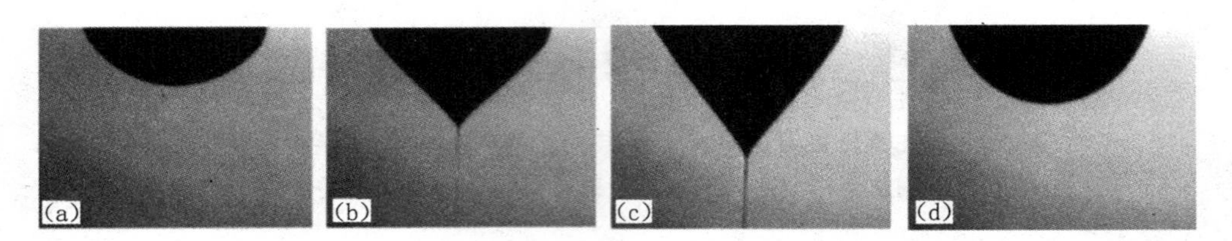

图 3-28　在偏压为 5 kV 和电压脉冲为 1.5 kV/500 ms 的条件下,液面从原始状态经过喷射到恢复的过程

(a)原始状态;(b)(c)喷射;(d)恢复

如果简单地分析液面在脉冲电压下的受力情况,可以大致推断电场喷射的发展趋势,如图 3-29 所示。我们主要考虑三个力的作用:重力、表面张力和电场力。由于喷射模式主要取决于法向电场力 f_e($f_e=(E_n+E_N)^2/2\varepsilon_r$)和切向电场力 τ_e($\tau_e=\varepsilon_0 E_T(E_n+E_N)$)的相对大小,所以这里只需考察脉冲电压对法向和切向电场力的影响。

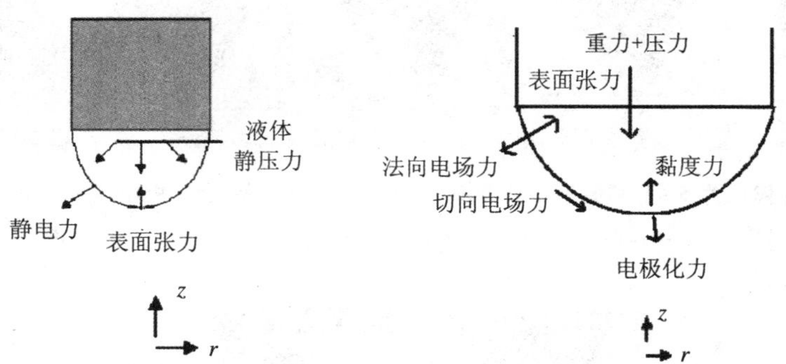

图 3-29　电场中液滴在偏压(上)和叠加脉冲电压(下)时受到的主要应力

如果脉冲电压 V_1 大于 V_2,那末 $E_{N2}\angle E_{N1}$ 和 $E_{T2}\angle E_{T1}$。因此,

$$f_{e1}/f_{e2}=(E_n+E_{N1})^2/(E_n+E_{N2})^2 \tag{3-39}$$

$$\tau_{e1}/\tau_{e2}=E_{T1}(E_n+E_{N1})/E_{T2}(E_n+E_{N2}) \tag{3-40}$$

对于同样的液面形状,有

$$E_{T1}/E_{N1}=E_{T2}/E_{N2} \tag{3-41}$$

因此，

$$f_{e1}/f_{e2}=(E_n+E_{N1})^2/(E_n+E_{N2})^2\angle E_{N1}(E_n+E_{N1})/E_{N2}(E_n+E_{N2})=\tau_{e1}/\tau_{e2}$$

即：

$$f_{e1}/f_{e2}\angle\tau_{e1}/\tau_{e2} \tag{3-42}$$

上式说明，在同样的偏压下，随着脉冲电压的增大，电场切向力比法向力增加得更快。因此，脉冲电压的增大，更容易产生射流(jet)。

如果脉冲电压相同，偏压 V_1 大于 V_2，则有 $E_{n2}<E_{n1}$

$$f_{e1}/f_{e2}=(E_{n1}+E_N)^2/(E_{n2}+E_N)^2 \tag{3-43}$$

$$\tau_{e1}/\tau_{e2}=E_{T1}(E_{n1}+E_N)/E_{T2}(E_{n2}+E_N) \tag{3-44}$$

对同样脉冲，有 $E_{T1}=E_{T2}$

$$\tau_{e1}/\tau_{e2}=(E_{n1}+E_N)/(E_{n2}+E_N) \tag{3-45}$$

$$\tau_{e1}/\tau_{e2}<f_{e1}/f_{e2} \tag{3-46}$$

上式说明，在同样的脉冲电压下，随着偏压的增大，法向电场力比切向电场力增加得更快。因此，偏压的增大，更容易产生 dripping 模式。

这里可以得到一个非常重要的推论：在总电压相同的情况下，脉冲电压所占比例越大越有利于射流的形成。

然而，发现各个喷射模式的窗口是非常困难和复杂的。为此，Li 等人使用同样的实验装置测定并分析了各个喷射模式的分布窗口。

如图 3-30 所示，Taylor cone 的高度随偏压的增大而增大，在约 4 kV 时快速增大，意味着此时电压已接近电场喷射的阈值电压。

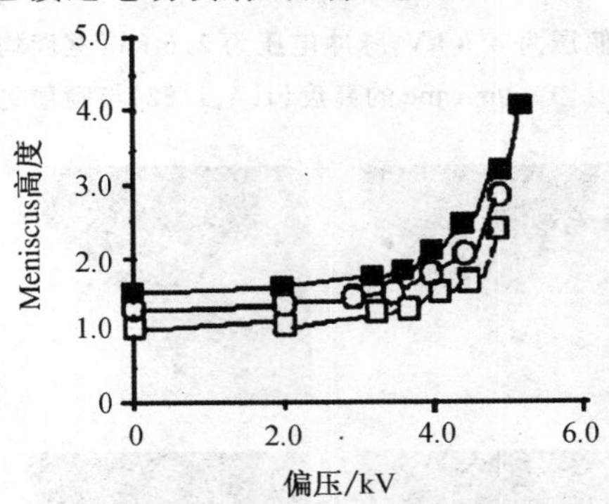

图 3-30　Taylor cone 高度与电压和初始高度(依次为 1.0,1.3,1.6,单位高度为 250 μm)的关系

在叠加脉冲电压不同时依次发生不同的喷射模式：dripping 和 jet(见图 3-31)，这里没有形成稳定的 Cone-jet 是由于脉冲宽度太小。

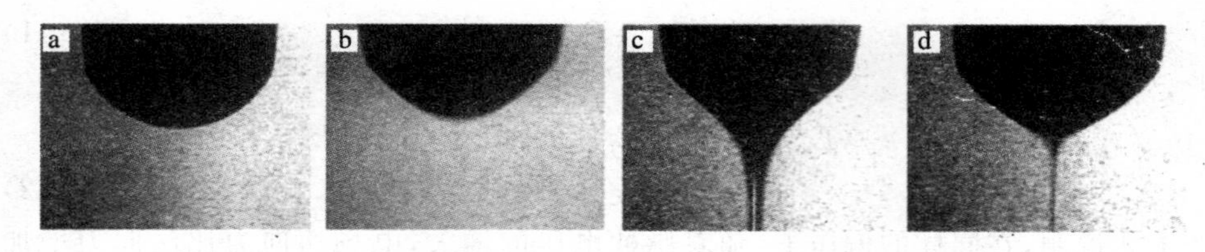

图 3-31　高度为 1.5 的 Taylor cone 在偏压为 4.0 kV 时不同脉冲电压与喷射的关系（脉冲电压分别为 0,2.0,2.3,3.5kV,宽度均为 5 mm）

对于不同高度的 Taylor cone,在叠加同样的电脉冲时,发生不同的喷射模式。"高"的 Taylor cone 倾向于出现射流,"低"的 Taylor cone 倾向于出现 dripping 模式(见图 3-32 和图 3-33)。

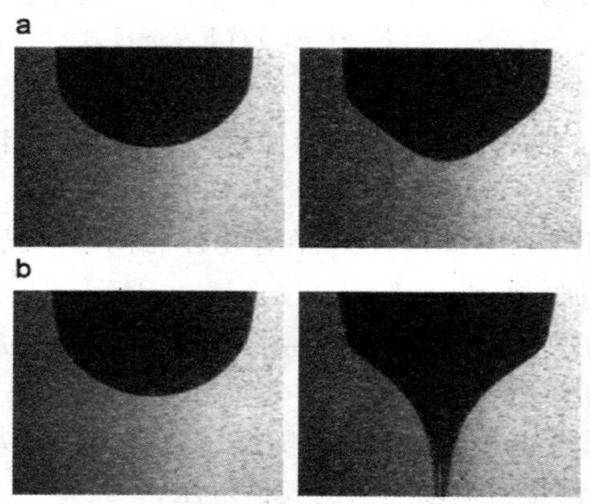

图 3-32　偏压为 4.0 kV,脉冲电压为 2.6 kV(宽度均为 5 mm)时,Taylor cone 的高度(1.4,1.52)与喷射的关系

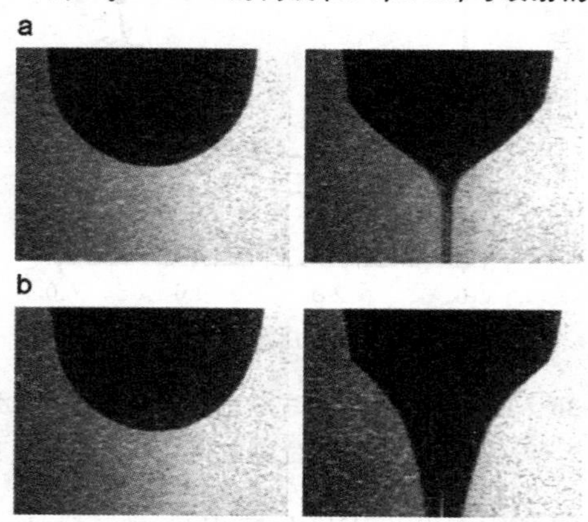

图 3-33　偏压为 4.0 kV,脉冲电压为 3.0 kV(宽度均为 5 mm)时,Taylor cone 的高度(1.8,2.0)与喷射的关系

详细的研究测试给出了如图 3-34 所示的喷射模式与 Taylor cone 高度及电压的关系图。这是类似于相图的重要信息,从中可以查找给定参数下的喷射模式。如果 Taylor cone 高度太小,液面顶端非常平,法向电场力难以从液面上拉出液滴。Taylor cone 高度增大时,较小的脉冲电压无法提供足够的动能以形成射流。较大的脉冲电压提供较多的动能,从而形成射流。此时由于 Taylor cone 内部的回流无法保持较多的液体,大量液体形成的射流被射出。如果脉冲电压继续增大,产生的黏度力足以在 Taylor cone 内部形成强的回流并保持较多的液体,从而生成较细的射流。

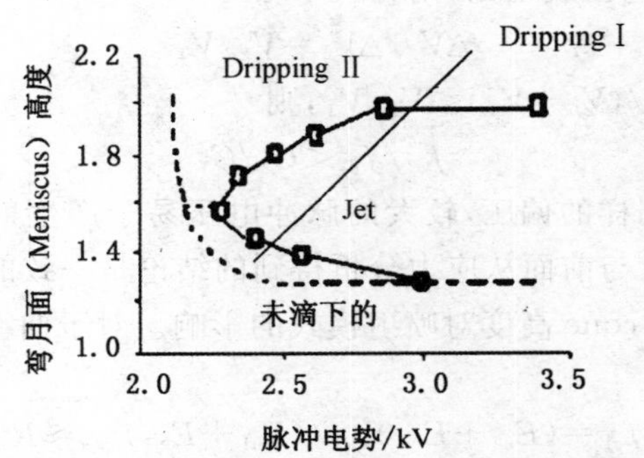

图 3-34 喷射模式与 Taylor cone 高度及电压的关系

如果 Taylor cone 高度增大后仍然叠加较小的脉冲电压,那么此时 Taylor cone 侧面的液体可能得到足够的动能,但是较小的切向电场力无法在 Taylor cone 内部造成需要的回流,结果是较厚的液体层被切向电场力拉下,单位体积的动能减小到不足以形成射流,即发生 Dripping Ⅱ 喷射模式,如图 3-35 所示。

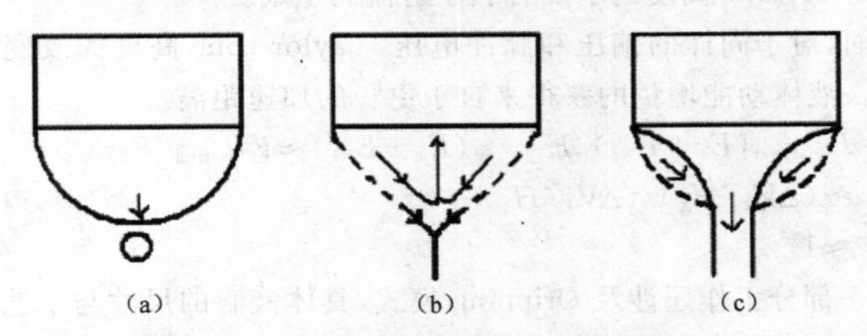

图 3-35 脉冲电压产生的三种喷射模式

(a) dripping Ⅰ; (b) jet; (c) dripping Ⅱ

如前所述,液面所受的法向电场力 f_e($f_e=\varepsilon_0(E_n+E_N)^2/2$)和切向电场力 τ_e($\tau_e=\varepsilon_0 E_T(E_n+E_N)$)决定了喷射模式的形成。从能量的观点来看,如果射流具有的动能超过其表面能,射流就能稳定生成。

如果表面电荷密度为$\sigma=\varepsilon_0(E_n+E_N)$，则液体沿 Taylor cone 侧面移动电位差为 ΔV 时获得的动能为$G=\Delta V\sigma$。

对于偏压 V_0，如有脉冲电压 V_1小于 V_2，则

$$f_{e2}/f_{e1}=(E_n+E_{N2})^2_{apex}/(E_n+E_{N1})^2_{apex}=(V_0+V_2)^2/(V_0+V_1)^2 \quad (3-47)$$

$$G_2/G_1=\Delta V_2\sigma_2/\Delta V_1\sigma_1=\Delta V_2/\Delta V_1\times\sigma_2/\sigma_1$$

如果偏压对电势差没有贡献，那末

$$\sigma_2/\sigma_1=(V_0+V_2)/(V_0+V_1) \quad (3-48)$$

并且 ΔV 与所加电压成正比，则有

$$\Delta V_2/\Delta V_1=V_2/V_1 \quad (3-49)$$

又因为$(V_0+V_2)/(V_0+V_1)<V_2/V_1$，则

$$f_{e2}/f_{e1}<G_2/G_1 \quad (3-50)$$

上式说明，对于同样的偏压，较大的脉冲电压易于产生射流，如图 3-36 和图 3-37所示。这个结论与前面从应力分析得到的结论是一致的：$\tau_e=\varepsilon_0E_T(E_n+E_N)$

下面考察 Taylor cone 高度对喷射模式的影响。对于曲率半径为 R_1和 R_2的两个液面，有

$$f_{e2}/f_{e1}=(E_{n2}+E_{N2})^2_{apex}/(E_{n1}+E_{N1})^2_{apex}\approx R_1^2/R_2^2 \quad (3-51)$$

从上式看到，曲率半径的影响是重要的。对于侧面，基本没有曲率半径的影响，因此 $\sigma_2\simeq\sigma_1$，$\Delta V_2/\Delta V_1\approx H_2/H_1$。

即

$$G_1/G\,1\approx H_2/H_1 \quad (3-52)$$

因此，Taylor cone 高度的增加使得法向电场力的增加远小于液体获得的动能增量。即 Taylor cone 高度的增加有利于射流的生成。

另一方面，对于同样的偏压和脉冲电压，Taylor cone 高度的改变对切向电场力影响甚微。液体动能增量的获得来自于更长的加速距离。

$$\begin{aligned}\tau_{e2}/\tau_{e1}&=E_{T1lateral}(E_n+E_{N2})/E_{T2lateral}(E_n+E_{N1})\approx E_{T1lateral}/E_{T2lateral}\\&\approx(\Delta V_2/H_2)/(\Delta V_1/H_1)\\&\approx 1\end{aligned} \quad (3-53)$$

Li 等人一部分工作还涉及 Dripping 模式，具体液滴的尺寸与工艺参数之间的关系，如图 3-38、图 3-39 和图 3-40、图 3-41 所示。

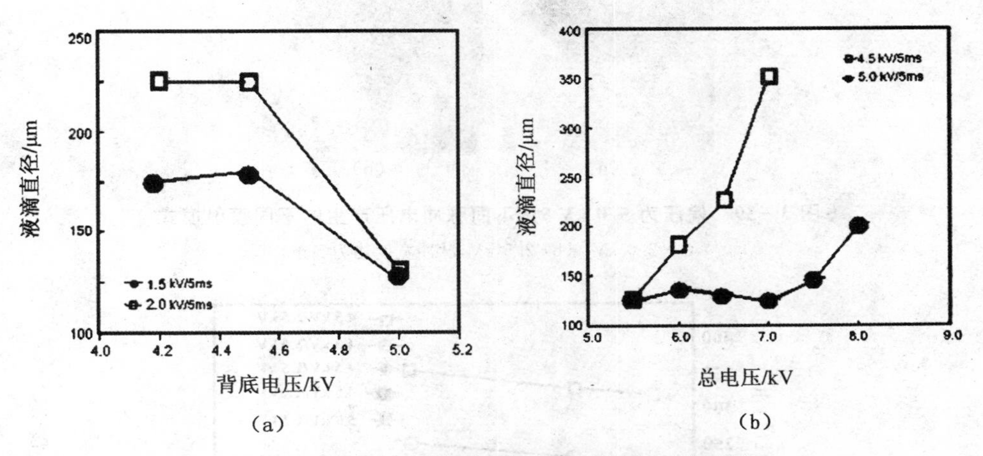

图 3-36　液滴尺寸与偏压(a)和总电压(b)的关系

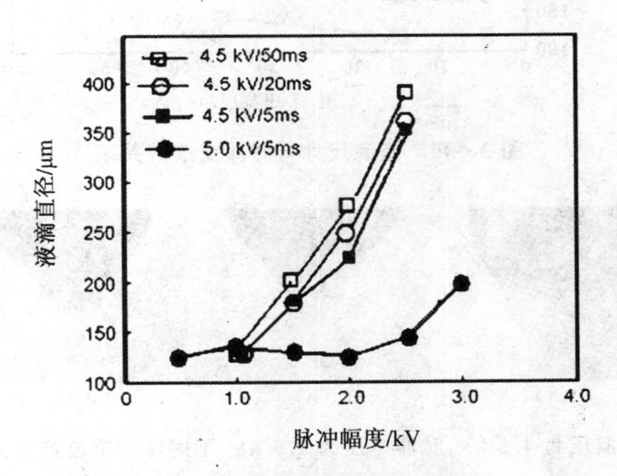

图 3-37　液滴尺寸与脉冲电压的关系

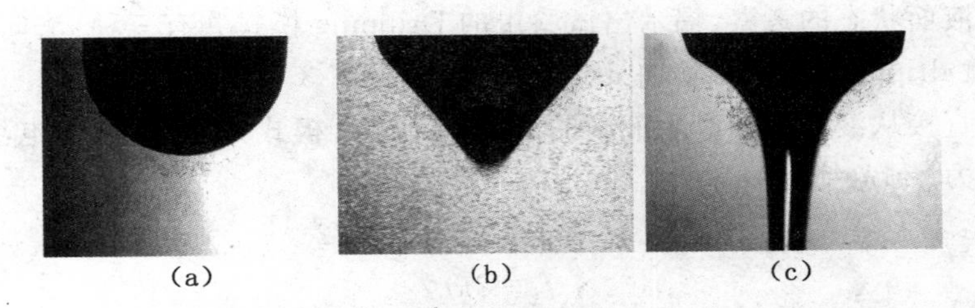

图 3-38 偏压为 4.5 kV 时，不同脉冲电压产生的不同喷射模式

(a) 原始状态；(b) 1.5 kV；(c) 5 kV，脉冲宽度为 5 ms

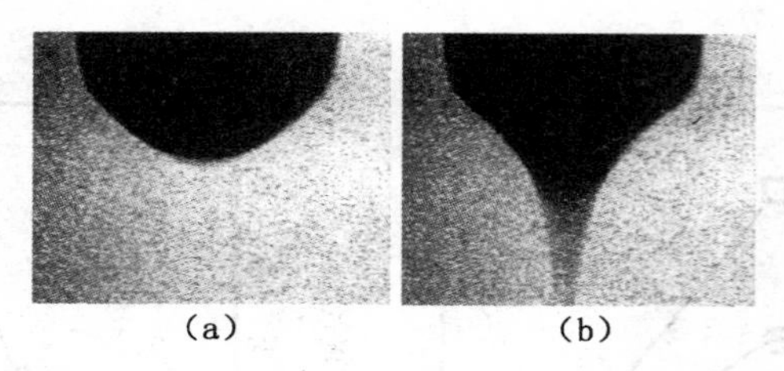

(a) (b)

图 3-39 偏压为 5.0 kV 时,不同脉冲电压产生的不同喷射模式

(a) 2.0 kV; (b) 2.5 kV,脉冲宽度均为 5 ms

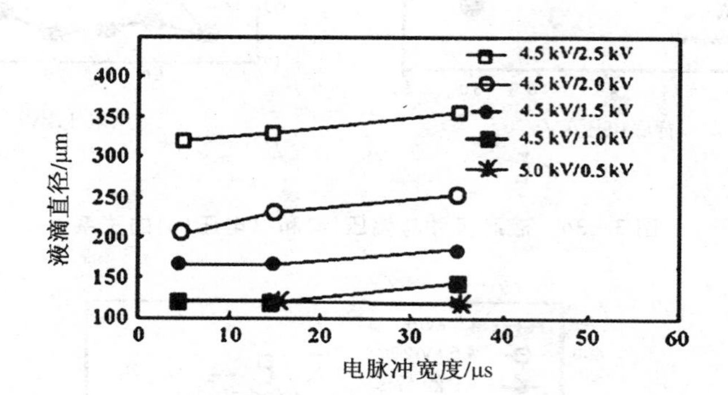

图 3-40 液滴尺寸与脉冲宽度的关系

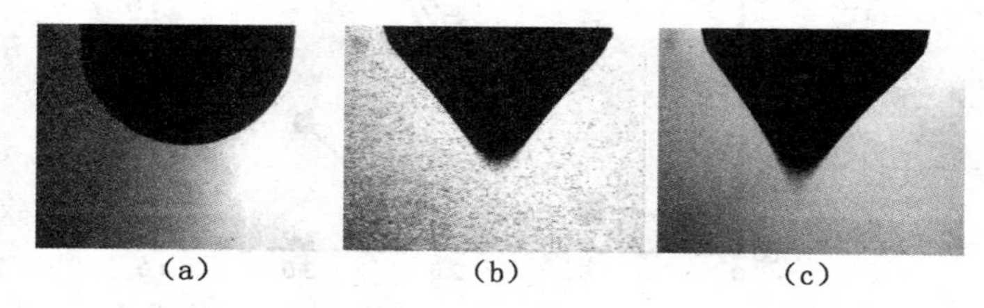

(a) (b) (c)

图 3-41 偏压为 4.5 kV,脉冲电压为 1.5 kV,不同脉冲宽度产生的不同喷射

(a) 原始状态; (b) 5 ms; (c) 50 ms

对于液面状态的考察,揭示出试验中的 Dripping 模式共有三种:法向 dripping 模式,过渡 dripping 模式和切向 dripping 模式(见图 3-42)。

对于直接从液面顶端产生液滴的法向 dripping 模式,应有其法向电场力 f_e 大于表面张力 f_s,$\tau_t=\varepsilon_0 E_t E_n$,即

$$f_e=\pi r^2\varepsilon_0(E_n+E_N)^2/2 \tag{3-54}$$

$$f_s=2\pi r\gamma \tag{3-55}$$

则有液滴半径

$$R=4\gamma/\varepsilon_0(E_n+E_N)^2 \tag{3-56}$$

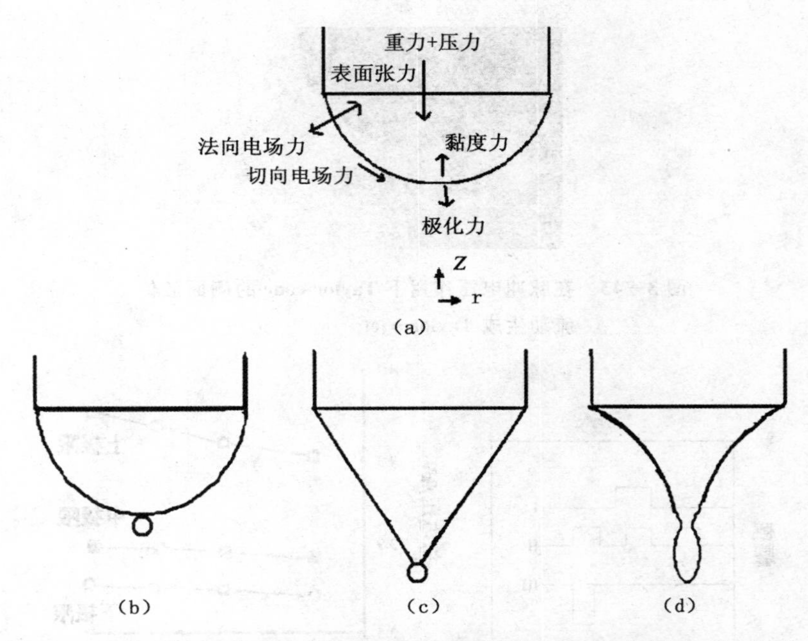

图 3-42　三种 dripping 模式(法向 dripping,过渡 dripping 和切向 dripping)

虽然强的电场易于得到较小的液滴,但是存在一个临界尺寸 R。在上面的估算中,忽略了惯性的影响。在这项工作中,$\varepsilon_0 \varepsilon_r / K$ 为电荷弛豫时间 10^{-5} s,LR^2/Q^2 为流动时间 $10^{-2.5}$ s,$(dR^2/\gamma)^{1/2}$ 为液滴产生时间 10^{-2} s,而 L(0.5 mm),R(0.5 mm)分别是轴向和径向特征尺度;Q(10^{-9} m^3/s)和 r(0.1 mm)分别是流速和液滴尺度。惯性相 $\rho u^2 (\rho Q^2 / 2\pi^4 r^4)$ 与表面张力(γ / r)的比值为 10^{-3}。

3.5.2　脉冲电压对电场喷射的调控

从 Taylor cone 中液体流动的特点出发,Li 等人研究了脉冲电压对 Cone-jet 稳定性的研究,明确提出了由于周围气体离子层的影响,存在上中下三个电压极限:中极限出现在电压增加的过程中,只有电压达到中极限,稳定的 Cone-jet 才能够形成;一旦稳定的 Cone-jet 形成,无论电压提高至上极限还是降低至下极限,Cone-jet 均能保持稳定,如图 3-43 所示。电压的变化,只影响其高度和形态:较大的电压导致较小的高度,反之亦然。基于上述研究,Li 等人实现了脉冲电压激发和终止 Cone-jet(见图 3-43 至图 3-47),为实现按需喷射创立了一种新的方法。

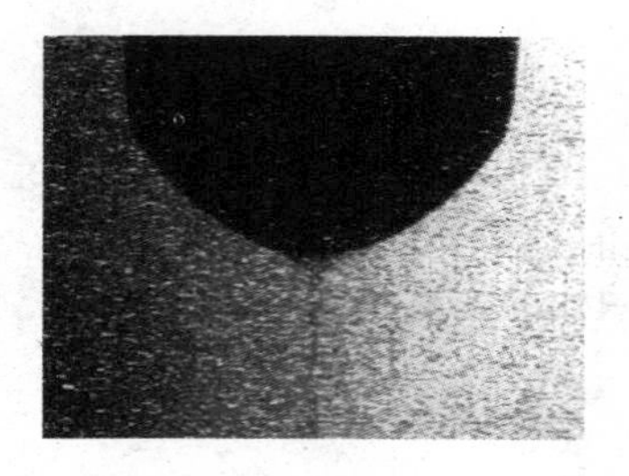

图 3-43　在脉冲电压作用下 Taylor cone 的侧面液体流动生成 Taylor-jet

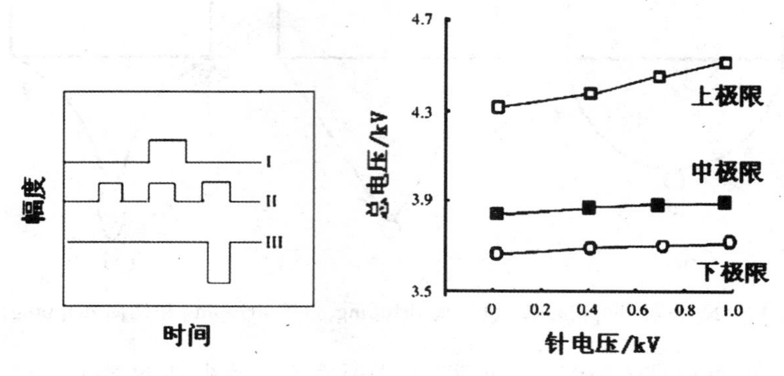

图 3-44　脉冲电压(左)和产生 Taylor cone 喷射模式的电压窗口(右)

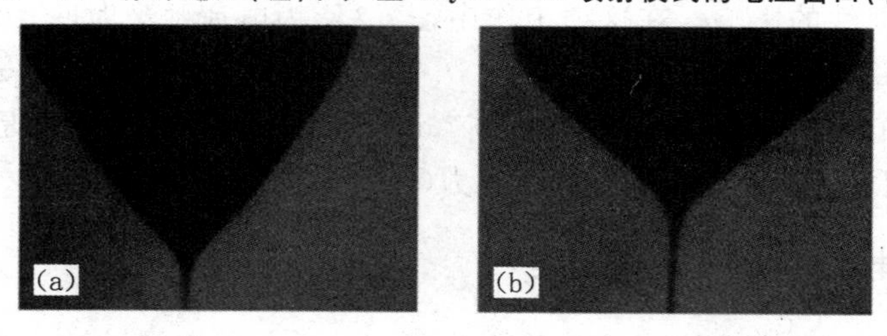

图 3-45　偏压为 0.4 kV 时，不同脉冲电压产生的不同 Cone-jet 喷射

(a) 3.4 kV；(b) 3.9 kV

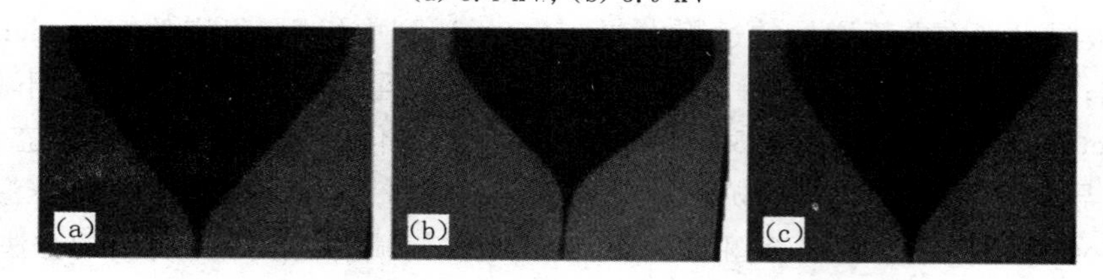

图 3-46　脉冲电压对 Cone-jet 喷射模式的影响

(a) 偏压为 3.7 kV 时的稳定喷射；(b) 在偏压上施加 0.7 kV 的脉冲电压；(c) 撤去脉冲电压后的喷射状态

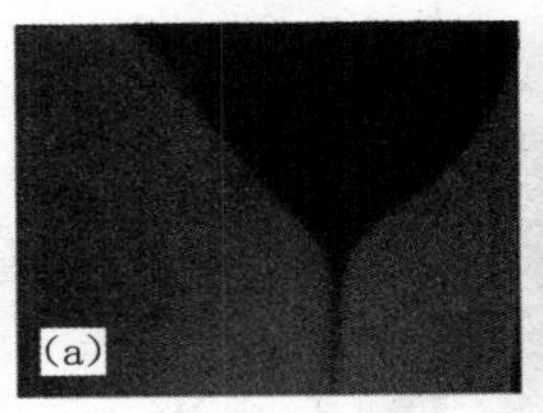

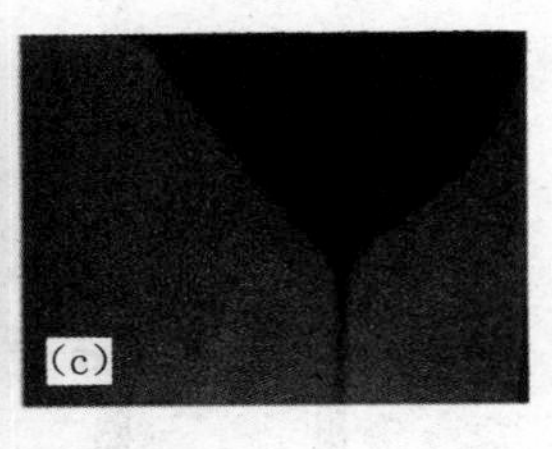

图 3-47 脉冲电压对 Cone-jet 喷射模式的影响

(a) 偏压为 4.4 kV 时的稳定喷射；(b) 在偏压上施加 1.0 kV 的反向脉冲电压 20 ms；

(c) 撤去脉冲电压后的喷射状态

Li 等人认为，由于 Taylor cone 中心部位的稳定回流是其基本特征之一，即为 Taylor cone 稳定的必要条件。在流速一定的情况下，高的电压伴随着沿 Cone-jet 表面指向尖端的较大的切向电场力。由于液体内部的黏度传递作用，将会使更多的液体回流，较少的液体被喷射，而这将导致 Cone-jet 被破坏。Taylor cone 此时将会通过减小高度，使得电场强度减小，从而使 Taylor cone 表面指向尖端的电场切向力减小以减弱回流，维持喷射液体的量等于液体供给的流速。反之，电压减小，回流将减弱，需要适当增加 Taylor cone 高度，使 Taylor cone 表面指向尖端的电场切向力增大以加强回流，以稳定被喷射液体的量等于流速。

3.5.3 通过纤维复合喷嘴的 Cone-jet 喷射

Coupe 采用金属发卡实现了在低流量低阈值电压下的 Cone-jet 喷射(见图 3-48)。这一方法的本质是减小了 Taylor cone 的体积，等同于采用了更为细小的喷嘴，因此可以降低所需的阈值电压和流量。阈值电压的降低，在于更小的喷嘴造成更为强烈的局域电场。

Li 等通过研究 Taylor cone 的内部液体流动，在通常的金属细管喷嘴中心添加绝缘纤维，使之把较强的回流阻挡转变为较弱的回流，从而成功实现了低阈值电压和抗扰动的喷射(见图 3-49)[22]。

通过上述比较，添加绝缘纤维后，电压阈值显著降低。在普通喷嘴的 Taylor cone 内，由于电场切向力经由黏度力传递形成向上的回流，即出现了内耗。如果按照 Cherney 的停顿点理论把液面分为回流区 1 和射流形成区 3，则普通喷嘴中间的加速区 2 是不存在的。因此，添加绝缘纤维后，在纤维表面液膜上出现一个切向电场力 $\tau_t=\varepsilon_0 E_t E_n$，液体能够把多余的电势降用于加速；同时由于消除了回流，大幅度降低了内耗，Taylor-jet 形成的电压阈值显著降低。

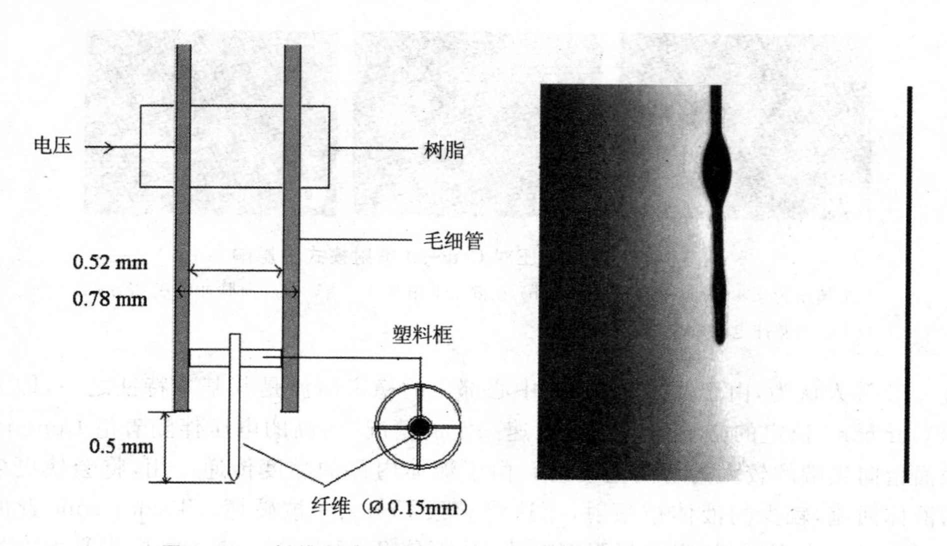

图 3-48　纤维复合喷嘴结构示意图及附着在纤维上的液滴

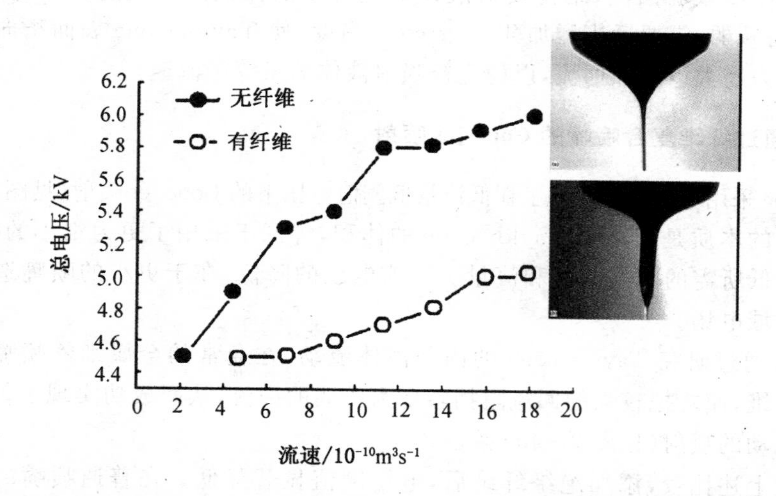

图 3-49　普通喷嘴和纤维复合喷嘴的电压阈值比较

另外，由于阶段 2 的存在，任何源自喷嘴的扰动在传递经过阶段 2 时，由于纤维表面的液膜很薄（见图 3-50），其扰动幅度会受到抑制。按照 Lord Rail 的观点，射流破碎源于扰动的快速成长。因此，纤维端部产生的射流稳定性会大大高于普通喷嘴产生的射流，即射流破碎前会有更大的长度（见图 3-51）。

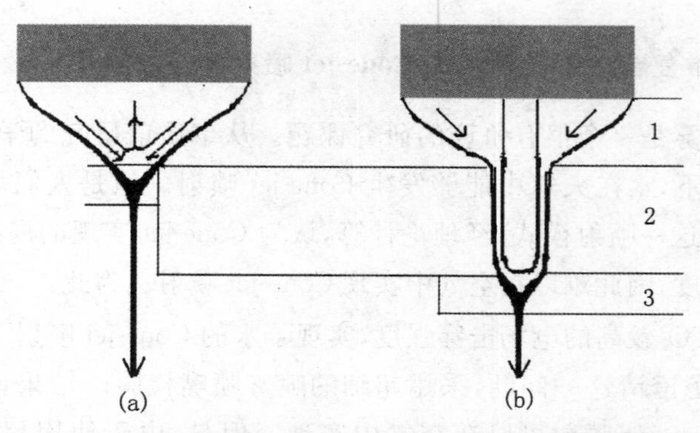

图 3-50　普通喷嘴与纤维复合喷嘴中液体流动示意图

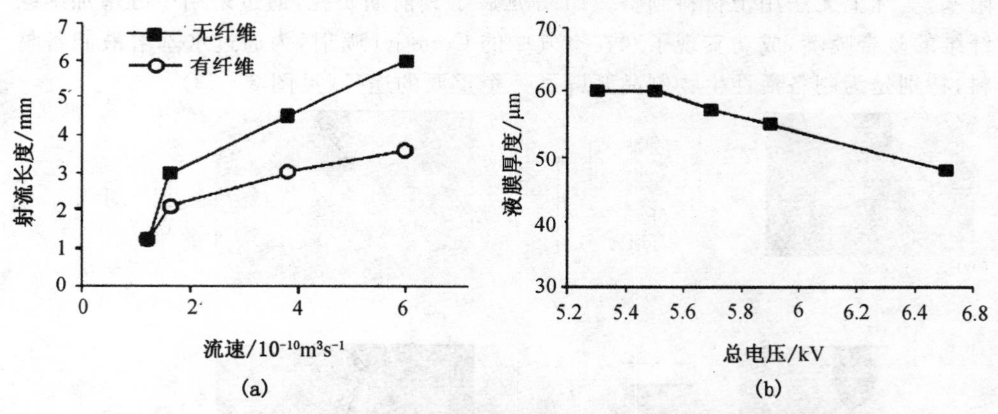

图 3-51　纤维复合喷嘴产生的射流长度(a)和在纤维表面的液膜厚度(b)

从图 3-52 中看到，由于添加纤维后，Taylor cone 体积减小，在实现按需喷射时，只需要控制纤维端部的 Taylor cone 状态，所需脉冲电压就会显著减小，易于控制，响应也极为快速。

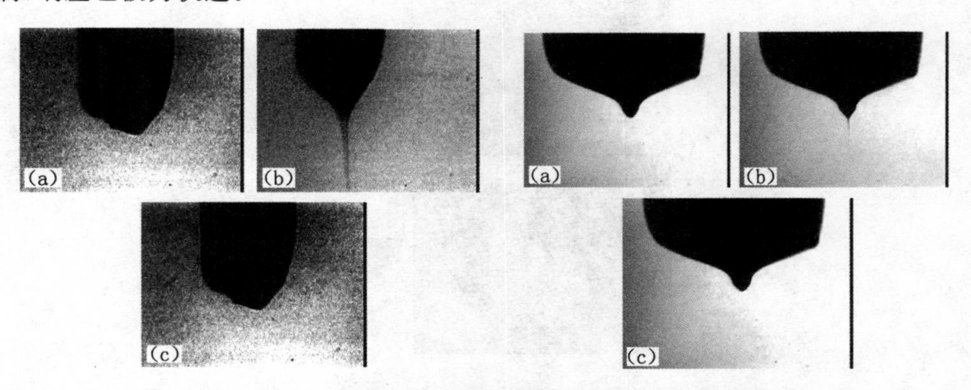

图 3-52　纤维复合喷嘴的纤维端部通过脉冲电压按需喷射

3.5.4 通过纤维复合喷嘴实现水的 Cone-jet 喷射

水的电场喷雾是一个很有争议的研究课题。从事质谱研究的学者多次报道，他们发现常温条件下，水在大气中能够发生 Cone-jet 喷射。但是人们从未曾在专门进行的实验中发现这一喷射模式，经理论计算，认为 Cone-jet 实现的局部电场强度要高于空气的击穿强度，因此难以在空气中实现 Cone-jet 喷射。为此，Tang 等采用 CO_2 为保护介质，利用 CO_2 较高的电场击穿强度，实现了水的 Cone-jet 喷射[23,24]。

近年来，为了澄清这一问题，采用超细的喷雾喷嘴检验。结果证实了先前的有些报道，水的 Cone-jet 喷射可以在空气中实现。但是，由于使用超细的喷嘴，极易阻塞，实际上无法用于材料制备。Li 等延展了其前期研究，通过采用中心增加绝缘纤维的复合喷嘴，成功实现了水在空气中的 Cone-jet 喷射，为通过水基溶液制备材料，特别是为制备活性生物制品开辟了一个重要的途径（见图 3－53）[25]。

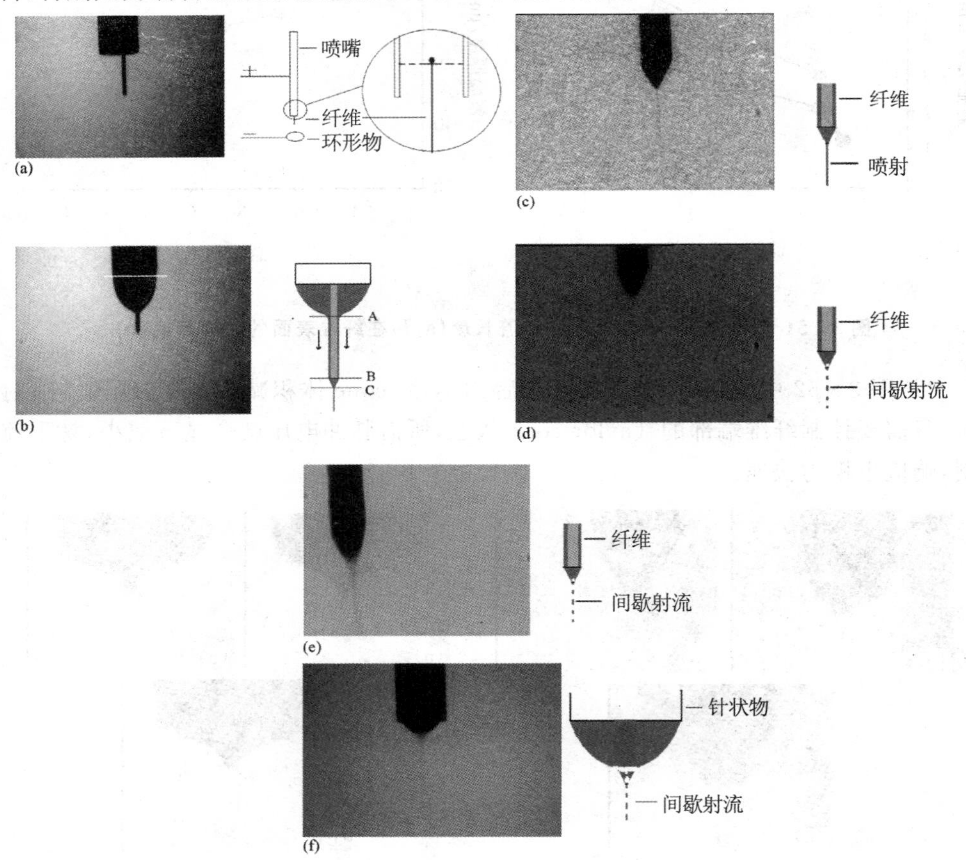

图 3－53　水在纤维复合喷嘴的纤维端部实现 Taylor 喷射

为了证实纤维的作用，在同样的实验条件下，分别使用铜丝、竹纤维和绝缘玻璃纤维制备复合喷嘴，实验结果见图 3-48。在使用普通喷嘴，或使用铜丝、竹纤维和绝缘玻璃纤维制备的复合喷嘴时，只能形成间歇喷射(intermittent-jet)。只有采用绝缘玻璃纤维制备的复合喷嘴才能成功实现水在空气中的 Cone-jet 喷射。

通过测定纤维长度和阈值电压的关系(见图 3-54)，发现电压阈值随纤维长度增加而减小，说明了液体流经纤维表面时，受到切向电场力的加速作用。另外，从电势沿喷射方向的变化可以看到，大部分的电势降位于射流形成后(见图 3-55)。因此，添加绝缘纤维等于延长了液体加速距离，即将一部分原本用来加速射流的电势差用于射流的形成。这里，纤维的绝缘性是必要的，否则，无法沿纤维建立起电势差。而竹纤维由于水的浸润，获得的能量基本消耗在内摩擦上，无法起到加速液体的作用。

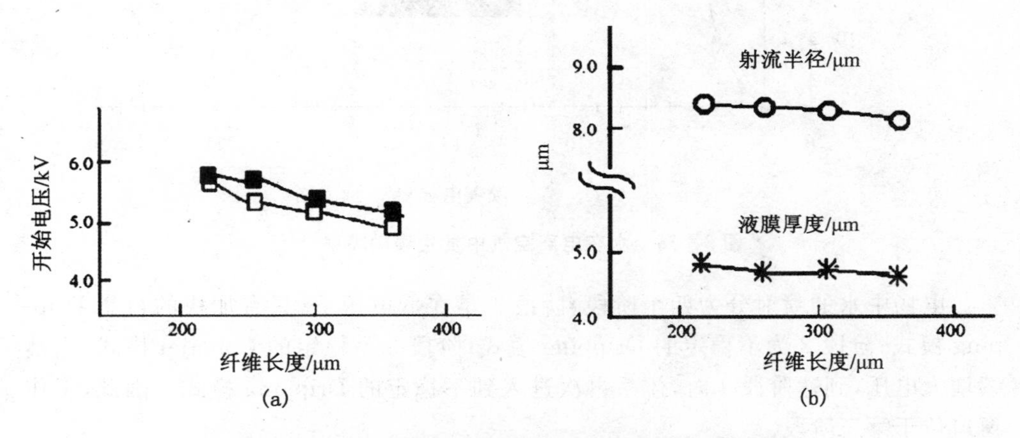

图 3-54　纤维长度和纤维表面液膜与电压阈值的关系

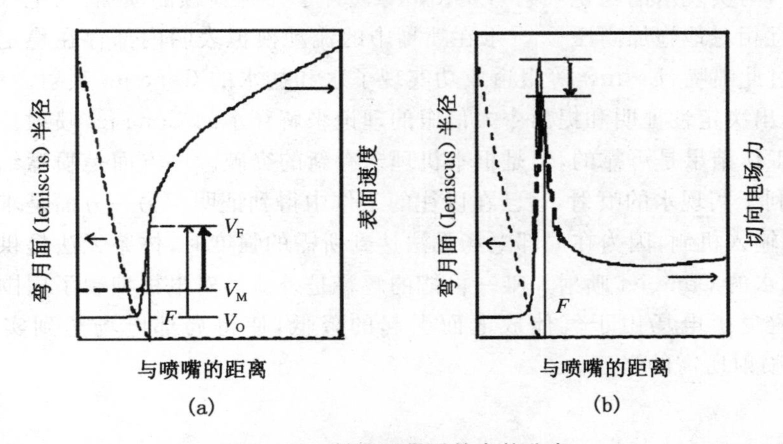

图 3-55　射流形成后的电势分布

为实现水在空气环境中的稳定电喷雾，采用放电稳定射流是有效的方法之一。Tang 和 Gomez 最初提出这一思想，最近由于通过水基溶液制取生物材料和活性蛋白质的需要，相关研究再次得到重视。图 3－56 所示是 Borra 等人最近关于放电稳定水的 Taylor 射流的工作结果[26]。

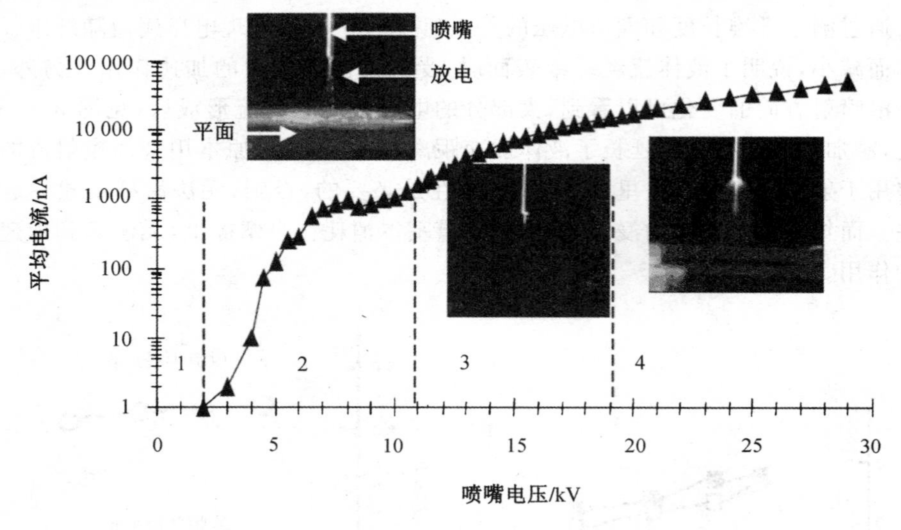

图 3－56　水在电离空气中发生泰勒喷射[26]

电场中水的喷射分为四个阶段：阶段 1 是在低电压下，只有加快的自然 Dripping 模式；阶段 2 为不稳定的 Dripping 模式；阶段 3 是稳定的 Cone-jet 模式；当继续增大电压，到达阶段 4 时，体系再次进入到不稳定的 Dripping 模式。因此，工作窗口位于第三阶段。

此外，为实现水的稳定喷射，Lastow 等设计了一种新颖的喷嘴，与电极与毛细管同轴，且相对地施加高压[27]。水在喷嘴中的流动模拟表明内部存在稳定的向上回流，通过此喷嘴，Lastow 等报道成功实现了水和盐水的 Cone-jet 喷射。然而，试验无法给出决定性证明和提出令人信服的理论来解释水的 Cone-jet 喷射。笔者认为，这项工作结果是可靠的，但是根本机理未有新的突破。一方面是喷嘴细小(0.1 mm)，有利于实现水的喷射，这已在以往的工作中得到证明。另一方面是难以解释新的能量输入机制，因为在局部电场无法达到所需的强度时，体系无法提供足够的能量实现水的 Cone-jet 喷射。唯一可能的解释是外侧的对电极抑制了周围空气的电离，即避免了电场由于气体放电而引起的降低，使得局部电场达到实现水的 Cone-jet 喷射所需的强度。

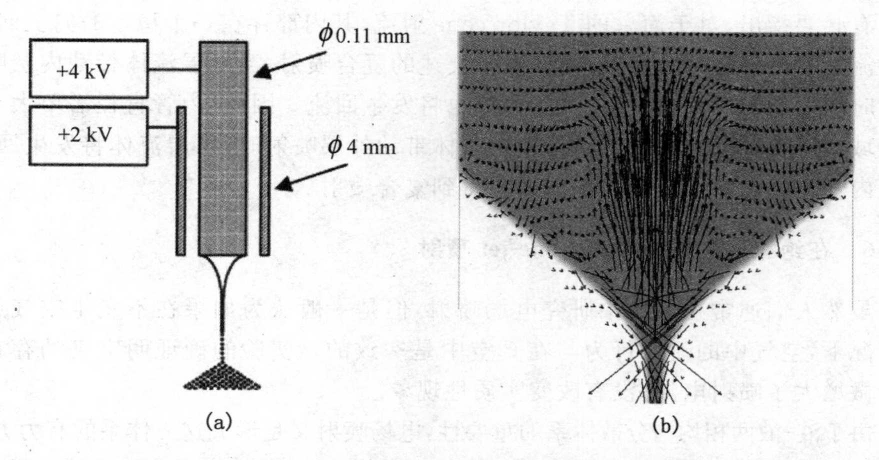

图 3 – 57 Lastow 等设计的喷嘴及水在喷嘴中的流动模拟[27]

3.5.5 同轴喷嘴实现复合 Cone-jet 喷射

Loscertales 等在科学杂志上报道了采用内外同轴喷嘴实现复合 Taylor 喷射的研究工作[28]。近年来，纳米复合技术日益重要，如何实现复合的射流喷射就成为通过电喷雾制备复合纳米粉体的关键技术之一[29]。这里的关键是内外两种液体的混溶性要小，但是两种液体的所加电压限制可以不大，可以"同流"，即内外两种液体同时受电场驱动喷射，也可"随流"，即受电场驱动喷射一种液体通过黏度作用，带动另一种液体实现喷射(见图 3 – 57)。

重要的一点是，喷射电流的标度率在复合喷射时依然成立，揭示出复合喷射的物理机制类似于通常的 Taylor 喷射。图 3 – 58 清楚显示了复合喷射时，内外液体形成各自的稳定的 Taylor cone 和射流。

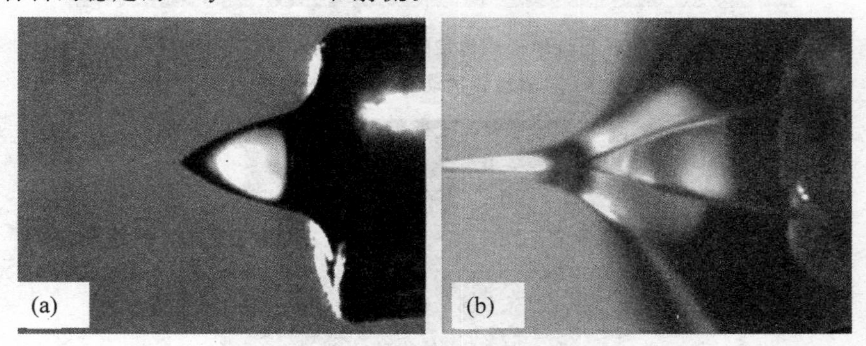

图 3 – 58 水在橄榄油包裹中形成稳定的复合 Taylor 喷射后射流破碎发生雾化[29]

(a) 橄榄油较薄；(b) 橄榄油较厚

有必要指出，对于简单的 Taylor cone 射流，其内部存在一个稳定的向上回流，该回流是喷射稳定的关键。同样，对于上述的复合喷射，当外层流体带动内层喷射或同时受电场力驱动喷射时，内层流体也将发生回流。因此，内管直径需要大于回流区域才能得到复合喷射。对于内层流体带动外层喷射时，内层流体将发生回流，但是内管直径无需大于回流区域即能得到复合喷射。

3.5.6 在绝缘液体环境中的 Cone-jet 喷射

虽然人们通常在空气中研究电场喷射，但是一般认为如果在不发生空气放电的情况下，空气中的喷射行为与在真空中是一致的。实验的确证明空气的存在只是稍微增大了喷射电流，没有改变实质性现象。

由于液-液两相均匀分散体系的重要性，电场喷射又是形成这一体系的有力方法。因此，在密度较大的绝缘液体中，电场喷射是否遵从同样规律也是非常重要的问题。

Barrero 等研究了多种液-液体系，发现在环境液体黏度很小时，喷射电流遵守通常的标度率，但是液体最小流速低于空气中的流速，即液体可在更低的流速下实现 Taylor 喷射。同时，由于周围液体的黏度牵曳作用，导致喷射时 Taylor 半角略微变小(见图 3-59、图 3-60)[30]。

图 3-59 甘油在已烷中形成稳定的 Taylor 喷射，可以看到射流稳定长度很长，对轴对称扰动具有较强的抵抗力

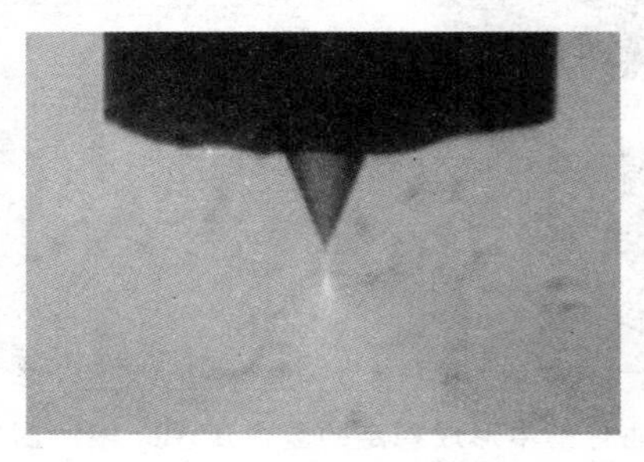

图 3-60 水在庚烷中形成稳定的 Taylor 喷射后射流破碎发生雾化

3.6 微小液滴尺寸的测量

电喷雾产生的液滴尺寸的测量,对于定量理解电场喷射和实际应用,具有重要意义。一般有类似质谱法的 ASS 系统,有激光 Doppler 测量法以及专门针对电喷雾液滴的测量方法[31]。

3.6.1 微小液滴尺寸的机械测量法

对于微小液滴尺寸的测量,最直接的方法是收集液滴并测量其大小(见图 3-61)。例如,在固体表面覆盖与液滴不浸润的膜,测量液滴在膜表面的痕迹来推算液滴的尺寸(见图 3-61(a))。如果经过仔细的校准,采用"测试纸"也是一种方便的测试方法。即通过比较"测试纸"上液滴被吸收后产生的痕迹,来推测当初液滴的尺寸(见图 3-61(b))。这种方法虽然精度不高,但是快速方便。

另外,采用与液滴溶剂不互溶的液体作为收集极(见图 3-61(c))或者将液滴快速冷冻(见图 3-61(d))后测量,可以直接得到液滴的尺寸。

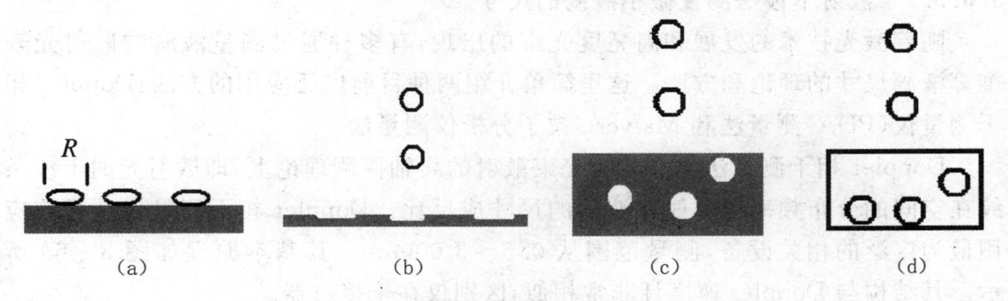

图 3-61 测量液滴尺寸的机械方法

3.6.2 电效应法测量微小液滴的尺寸

当液滴与电路的一部分接触时,会引起电流或电压的波动。通过测量液滴尺寸与这些波动的关系,就能够推测液滴的尺寸(见图 3-62)。例如,当液滴与两个原本分离的电极接触形成通路时,通过调节电极间的距离可以分辨出液滴的大小(见图 3-62(a))。另外,如果液滴黏附在导线的表面,瞬间会引发电路的一个充电电流,其大小与液滴的尺寸有关(见图 3-62(b))。同样,通过监测导线的温度变化,也可以推测液滴的尺寸(见图 3-62(c))。为提高灵敏度,一般将这一部分电路加热到某一温度,以利于液滴的快速蒸发和造成较明显的温度变化。

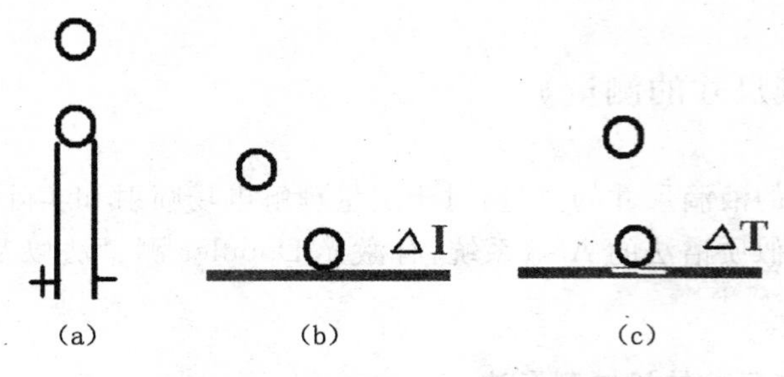

图 3-62　测量液滴尺寸的电效应方法

3.6.3　光学效应法测量微小液滴的尺寸

3.6.3.1　图像法测量微小液滴的尺寸

高速摄影的发明，使得超短时间曝光照相成为测量快速运动中的液滴尺寸成为可能。通过将照片上测得的液滴影像大小和参考物比较，可以直接测得液滴的尺寸。同时，通过比较特定时间间隔的照片，还可以推断液滴运动的速度。如果采用立体照相，液滴在空间的运动方向也能够准确确定。

3.6.3.2　散射干涉法测量微小液滴的尺寸

随着激光技术的发展和高亮度光束的出现，有多种通过测量液滴的散射光来推算液滴尺寸的理论和方法。这里简单介绍两种目前广泛应用的方法：Doppler 相干测量仪（PDA）测量法和 Malvern 粒子分析仪测量法。

Doppler 相干测量法建立在双光束散射的离轴探测理论上，即散射光的干涉条纹在空间的分布频率与散射体液滴的尺寸成反比。Doppler 相干测量仪是目前应用最为广泛的相关设备，测量范围从 0.5～3 000μm。其基本原理如图 3-63 所示。其结构与 Doppler 速度计非常相似，区别仅在于接收器。

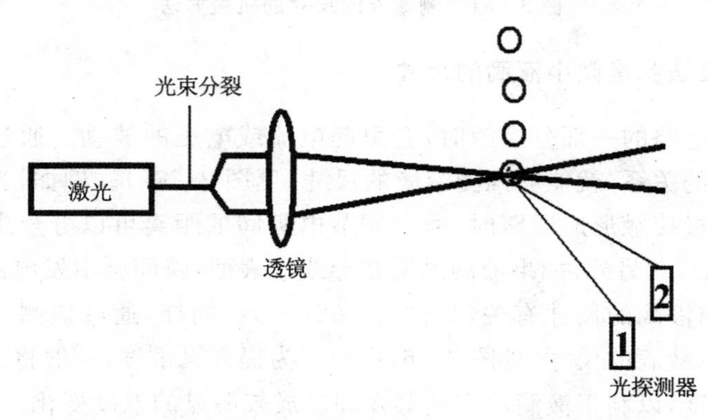

图 3-63　Doppler 相干测量仪基本原理示意图

Malvern 粒子分析仪是英国公司生产的一种应用广泛的极其成功的粒子尺寸测量仪器。其原理是测量一束单色平行光与液滴作用产生的 Fraunhofer 衍射花样，以推断液滴的尺寸。Fraunhofer 衍射花样为一系列同心的明暗相间的圆环，环半径与液滴尺寸相关。由于液滴的尺寸一般不是单一分布，会产生许多套明暗相间的同心圆环重叠。Fourier 转换透镜把衍射花样聚焦到由许多圆环探测元件组成的光学探测器上，每个圆环探测元件对应一套衍射花样。最后经计算机处理得到即时的液滴尺寸分布，其基本原理如图 3－64 所示。

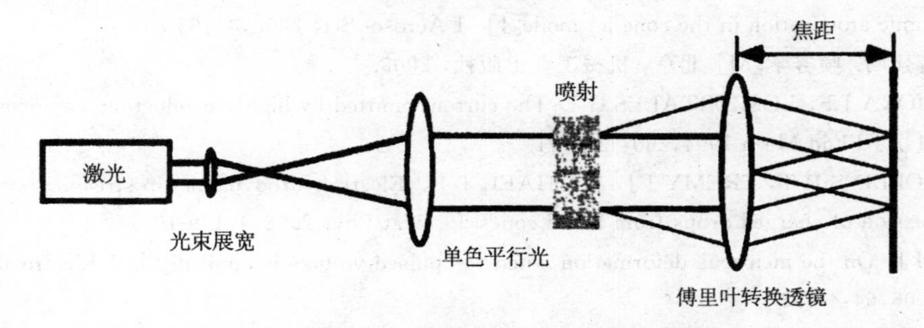

图 3－64　Malvern 粒子分析仪基本原理示意图

参考文献

[1] BAILEY A G. Electrostatic spraying of liquids[M]. London: Research Studies Press LTD, 1988.

[2] MICHELSON D. Electrostatic Atomization[M]. London: Taylor & Francis, 1990.

[3] ZELENY J. On the Conditions of Instability of Liquid Drops with Applications to the Electrical Discharge from Liquid Point[J]. Pro Camb Phil Soc, 1915,18:71-83.

[4] ZELENY J. Instability of electrified liquid surfaces [J]. Phys Rev, 1917,10:1-7.

[5] CLOUPEAU M, PRUNET-FOCH B. Electrohydrodynamic spraying functioning modes: a critical review. [J]. J Aero Sci 1994,25:1021-1036.

[6] JAWOREK A, SOBCZYK A T. Electrospraying route to nan-otechnology: An overview[J]. J Electrostatics, 2008,66:197-219

[7] KEBARLE P, VERKERK U. Electrospray: from ions in solution to ions in the gas phase, what we know now [J]. Mass Spectro Rev, 2009,28:898-917.

[8] TAYLOR G I. Disintegration of Water Drops in an Electric Field[J]. Proc. R. Soc. Lond. A 1964,28:280-322.

[9] HAYATI I, BAILEY A I, TADROS T F. Mechanism of stable jet formation in electrohydrodynamic atomization[J]. Nature, 1986,319:41-43.

[10] MORA J F. The fluid dynamics of Taylor cones[J]. Annu Rev Fluid Mech 2007,39:217-243.

[11] GANAN-CALVO A M. On the theory of electrohydrodynamically driven capillary jets[J]. Phys Rev Lett 1997,79:217-219.
[12] HARTMAN R P A, BRUNNER D I., CAMLOT D M A Electrohydrodynamic atomization in the conejet mode physical modeling of the liquid cone and jet[J]. J Aerosol Sci, 1999,30: 823-850.
[13] YAN F, FAROUK B, KO F. Numerical Modeling of an Electrostatically Driven Liquid Meniscus in the Cone Jet Mode[J]. J Aerosol Sci, 2003,34:99-116.
[14] HARTMAN R P A, BRUNNER D I., CAMLOT D M A. Jet break-up in electrohydrodynamic atomization in the cone-jet mode[J]. J Aerosol Sci, 2000,31:65-95.
[15] 曹建明. 喷雾学[M]. 北京：机械工业出版社，2005.
[16] MORA J F, LOSCERTALES G I. The current emitted by highly conducting Taylor cones [J]. J Fluid Mech 1994,260:115-141.
[17] COLLINS R T, EREMY J J, MICHAEL T H. Electrohydrodynamic tip streaming and emission of charged drops from liquid cones[J]. Nat Phys 2008,4:149-154.
[18] LI J. On the meniscus deformation when the pulsed voltage is applied[J]. J Electrostatics 2006,64:44-52
[19] LI J. On the stability of electrohydrodynamic spraying in the cone-jet mode[J]. J Electrostatics 2007,65:251-255.
[20] LI J. EHD sprayings induced by the pulsed voltage superimposed to a bias voltage[J]. J Electrostatics 2007,65:750-757
[21] LI J, ZHANG P. Formation and droplet size of EHD drippings induced by superimposing an electric pulse to background voltage [J]. J Electrostatics 2009,67:562-567.
[22] LI J. Formation and stabilization of an EHD jet from a nozzle with an inserted non-conductive fibre[J]. J Aerosol Sci 2005,35:125.
[23] TANG K, GOMEZ A. Generation by electrospray of monodisperse water droplets for targeted drug delivery by inhalation [J]. J Aerosol Sci 1994,25:1237-1249.
[24] TANG K, GOMEZ A. Generation of Monodisperse Water Droplets from Electrosprays in a Corona-Assisted Cone-Jet Mode [J]. J Colloid Interface Sci 1995,175:326-332.
[25] LI J, TOK A. Electrospraying of water in the cone-jet mode in air at atmo- spheric pressure [J]. Inter J Mass Spectr 2008,272:199-203.
[26] BORRA J P, EHOUAM P, BOULAUD D. Electrohydrodynamic atomisation of water stabilised by glow discharge-operating range and droplet properties[J]. J Aerosol Sci, 2004, 35:1313-1332.
[27] LASTOW O, BALACHANDRAN M. Novel low voltage EHD spray nozzle for atomization of water in the cone jet mode [J]. J Electrostatics 2007,65:490-499.
[28] LOSCERTALES I G, BARRERO A, GUERRERO E. Micro/Nano Encapsulation via Electrified Coaxial Liquid Jets[J]. Science, 2002,295:1695-1698.

[29] LOPEZ-HERRER J M, BOUCARD A. Electrohydrodynamic Spraying Characteristics of Glycerol Solutions in Vacuum [J]. J Electrostatics 2003,57:109-128.
[30] BARRERO A, J. M. LOPEZ-HERRER J M, BOUCARD A, Steady cone-jet electrosprays in liquid insulator baths[J]. J Colloid Interface Sci 2004,272:104-108.
[31] LIU H M. Science and engineering of droplets: Fundamentals and Applications[M]. USA: William Andrew Publishing, 2000.

第 4 章　电场喷射在大分子质谱分析中的应用

电场喷射的发现虽然可以追溯到几百年前，但是其成功的应用只是近几十年的事。特别是电喷雾作为离子化方法用于大分子质谱分析，奠定了电场喷射在科学研究和技术应用中的重要地位。

4.1　Dole 小组对电喷雾作为离子化方法的研究

电喷雾作为离子化方法的思想应归功于 Dole 小组。Dole 在美国西北大学工作时，对电喷雾产生带电液滴具有浓厚兴趣，并尝试用于化学分析。1966 年，Dole 等在东京的学术会议上首先提出这一想法。两年后，Dole 等确认了从带电毛细管尖端通过电喷射大分子溶液而产生大分子气态离子的可能性，并发表了关于这一工作的著名论文。这一早期工作被应用于离子迁移光谱仪上，而不是应用在质谱仪的离子分析上。其工作原理如图 4－1 所示。

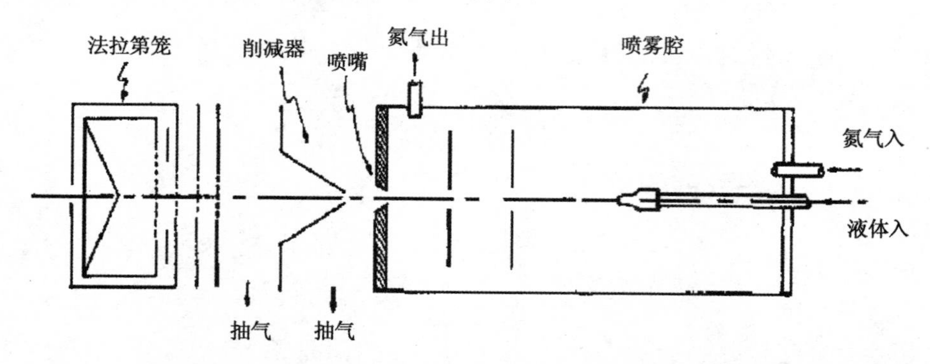

图 4－1　Dole 小组将电喷雾作为离子化方法用于离子迁移光谱仪

样品溶液经很细的进样管进入电喷雾室，在强电场的作用下，样品溶液在进样管出口处发生电喷雾，成为许多细小的带电液滴，此时，通入的高速载气运送这些雾滴快速到达出口。由于出口很小，在电喷雾室上方设有载气出口。在通过出口后，经过低气压环境中的准直孔，形成高速气体离子，最后到达检测器，通过监视 Faraday 杯的电流得到阻挡电压，最后推导出离子能量。

虽然 Dole 等最后未能将电喷雾用于质谱分析，但是这一杰出的思想为以后的工作奠定了基础。

4.2 Fenn 小组对电喷雾离子化质谱分析的研究

在质谱分析中，经常需要测定大分子的质量。基本方法是将成团的生物大分子拆成单个的生物大分子，并通过质谱分析测定计算出分子的质量。但是，因为生物大分子比较脆弱，对于成团的生物大分子，在拆分和电离的过程中它们的结构和成分很容易被破坏。如何将其拆散并将其电离是一个很大的问题。

美国科学家 Fenn 等对成团的生物大分子施加强电场（见图 4－2），而日本科学家田中耕一用激光轰击成团的生物大分子。这两种方法都成功地使生物大分子相互完整地分离，同时也被电离。这些发明奠定了科学家对生物大分子进行进一步分析的基础。为此，这两位科学家和另外一位瑞士科学家共同获得 2002 年诺贝尔化学奖。

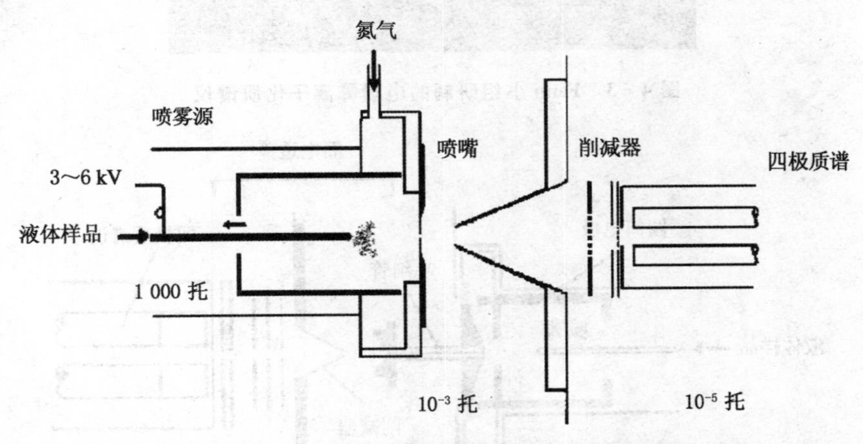

图 4－2　Fenn 等研制的第一台电喷雾离子化质谱仪工作原理图

1984 年，Yamashita 等实现了电喷雾电离（Electrospray Ionization，ESI）装置与质谱仪的联用（ESI-MS）（见图 4－3）。1989 年，Fenn 等以 Dole 等的思路为基础，将电喷雾真正发展为质谱仪的接口，在科学杂志上首次报道了分子量达 40000 的蛋白质多质子化的分子离子 ESI-MS 谱，成为电喷雾离子化质谱法发展的里程碑。由于 ESI-MS 不通过电子轰击（EI）、化学电离（CI）等常规电离技术所用的加热汽化过程，能直接分析溶液样品，适合于分析强极性、难挥发或热不稳定性的化合物，特别是生命科学中使人们感兴趣的物质。目前，电喷雾离子化质谱作为软离子化质谱新技术在新药质量研究、化学结构确证、药物代谢研究、多肽及蛋白质分析、肽图谱和氨基酸序列的分析及核苷酸分析中发挥了不可替代的重大作用，ESI-MS 与 HPLC、CE 在线联用技术是目前分析复杂生物介质中衡量生物活性物质的最佳手段。

图 4-3　Fenn 小组研制的电喷雾离子化质谱仪

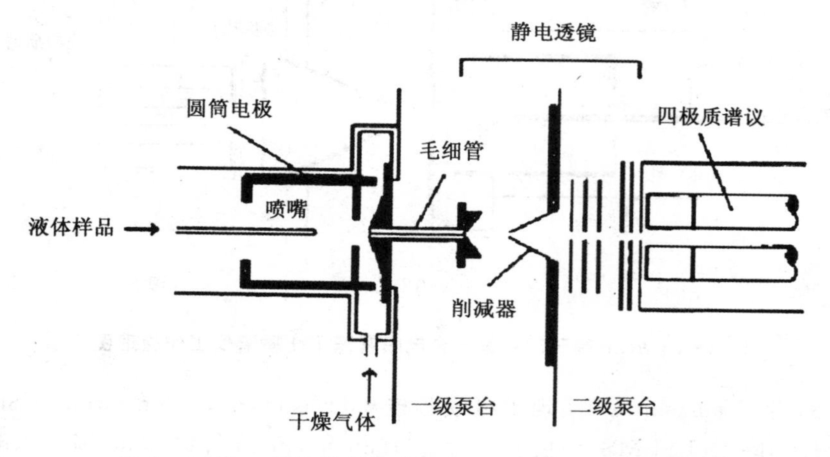

图 4-4　Fenn 等改进的电喷雾离子化质谱仪工作原理图

电喷雾离子化质谱法仪(见图 4-4)工作的基本原理如下：样品溶液经很细的进样管进入电喷雾室，在强电场的作用下，样品溶液在进样管出口处发生电喷雾，形成许多细小的带电液滴，在电场的作用下，带电液滴逆着干燥气体流动的方向运动，逆向的干燥气体使液滴迅速蒸发，并使液滴表面的电荷密度增大。经过对电极后经导电细管向质谱仪入口处运动，由此产生的离子经玻璃毛细管进入压力为几托的第一真空区，在那里可以进行碰撞活化裂解，从而可获得分子的结构信息。样品的分子离子和裂片离子经过一系列分离器和静电透镜进入质量分析器进行质谱分析。

样品分子在此过程中有两种可能机制使大分子带电（见图 4－5）：

（1）Iribarne 和 Thomson 机制：在喷头与电极之间施加电场后，溶液雾化后的液滴在电场的作用下向对电极运动。雾滴溶剂在电场中迅速蒸发，当库仑斥力和液滴表面张力相等时，液滴发生库仑发射（Columbe fission），成为更小的液滴。此时，带电雾滴表面单位面积的场强极高，足以从液滴中解吸出离子，最终产生分子离子。

虽然这一理论开始并非来自电喷雾，但 Fenn 等借以阐述大分子带电机制后，已成为质谱分析的基础和重要概念之一。

（2）Dole 机制：经过电场喷射后，溶液带电并形成带电的雾滴，这些雾滴在电场作用下运动，溶剂快速蒸发，但是溶液中分子所带的电荷在去溶剂时被保留在分子上，结果形成离子化的分子。

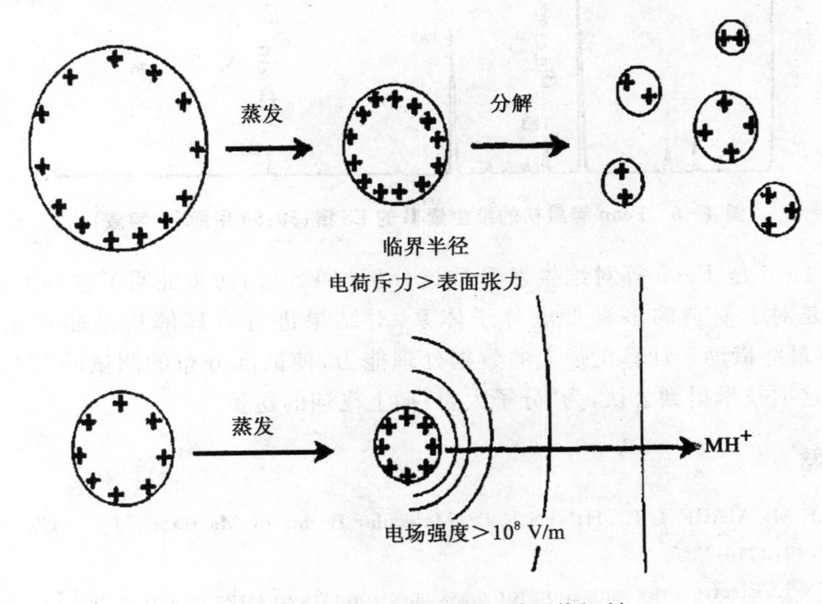

图 4－5　使大分子带电的两种可能机制

（上面和下面分别为 Dole 机制和 Iribarne、Thomson 机制）

在 Dole 的装置中，由于载气与样品液滴沿同一方向运动，溶剂挥发产生的蒸汽也一同流动。在出口处气压急剧降低，气流混合体快速绝热膨胀，气体的温度也相应快速下降。溶剂挥发产生的蒸汽重新冷凝在作为形核中心的带电溶质上。结果，无法得到离子化的溶质大分子，Dole 等工作在此受阻。Dole 等当时未能了解其中的变化，且由于此过程的不确定性，其工作也难以重复。

Fenn 等对 Dole 等的前期工作进行了决定性的改进。在已有的关于自由分子射流的研究基础上，Fenn 等认识到 Dole 等工作受阻的关键原因，让载气改为与电喷雾产生的液滴逆向流动，将溶剂挥发产生的蒸汽也一同带出，从而克服了 Dole 等工作中的关键性困难。

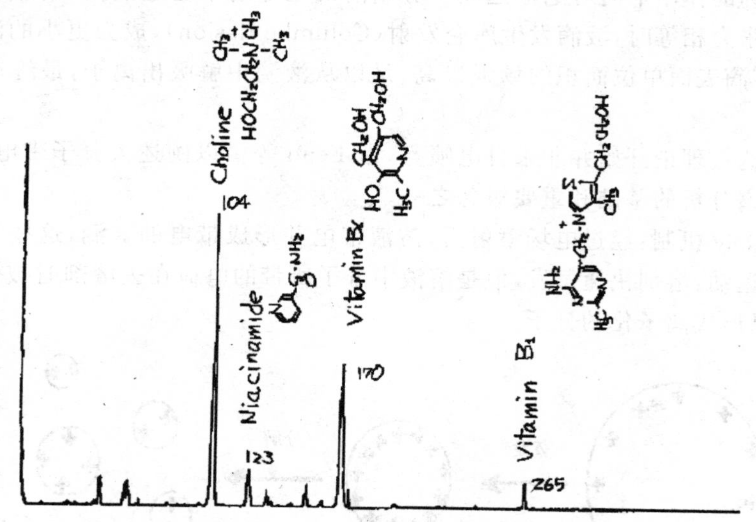

图 4-6　Fenn 等最初的维生素 B 的 ES 谱(50:50 甲醇/水溶液)

图 4-6 是 Fenn 等对维生素 B 质谱分析的 ES 谱，初步证明了这种方法的有效。但是对于复杂的多种带电分子体系，对结果进行合理解析是非常困难的。Fenn 等最终借助于计算机强大的数据处理能力，使散乱分布的测试峰“归类”，完善并使这项技术得到公认，为“分子大象”插上飞翔的翅膀。

参考文献

[1] DOLE M, MACK L L, HINES R L. Molecular Beams of Macroions[J]. J Chem Phys, 1968,49:2240-2248.

[2] FENN J. Electrospray ionization for mass spectrometry of large biomolecules[J]. Science , 1989,6:64-66.

第 5 章　电场喷雾在材料制备中的应用

目前，电喷雾技术最广泛的应用是在质谱分析中，但是由于其独特的优点和对纳米材料研究的兴起，电场喷射技术也被广泛用于制备不同类型的纳米材料。在此过程中，电场力作为液体流动的驱动力，使液体最终破裂获得粒径均匀且单分散的微小液滴，且这些液滴尺寸能够通过各种参数的改变加以调节。产生的液滴随后发生固化或在基板上沉积得到纳米粉体或薄膜（见图 5－1 和图 5－2）。

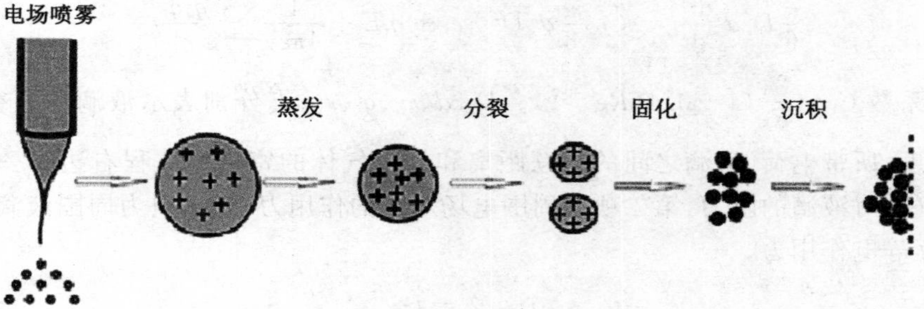

电场喷雾

蒸发　分裂　固化　沉积

图 5－1　电喷雾制备纳米颗粒示意图[1]

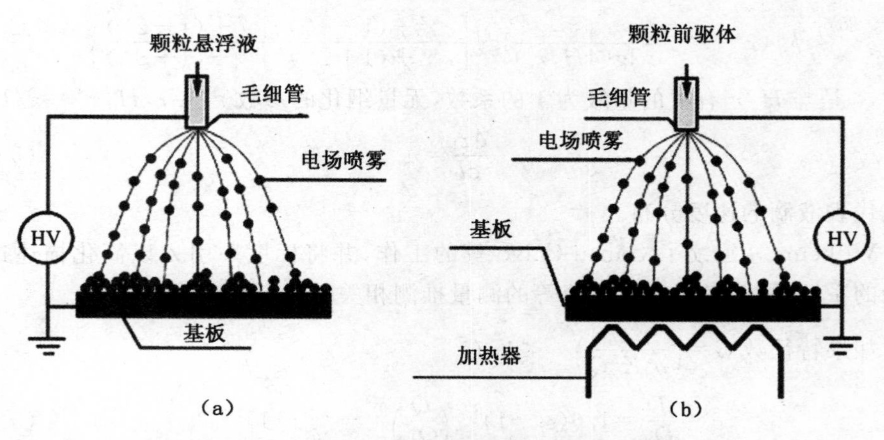

图 5－2　电喷雾制备沉积膜的两种常见方式[1]

(a) 颗粒直接沉积；(b) 前驱体热解

5.1 电场喷射产生的液滴在飞行过程中的传质传热

从上面可以看到，电场喷射产生的液滴在飞行过程中存在复杂的传质传热过程。例如，溶液的挥发与空气接触的热传导以及预热基板的热辐射等。由于液滴本身带有较高的电荷密度，电场喷射产生的射流成为一个复杂的多体系统。显然，液滴的演化过程对于最后生成的纳米颗粒或薄膜的显微结构和性能至关重要。但是，由于其复杂性，得到解析解非常困难。最近，Wilhelm 等采用拉格朗日方法通过数字计算，近似处理了这一问题[2]。

该方法基于对单个液滴的分析，并考虑到液滴之间的库伦相互作用。对于液滴 i，其运动方程为

$$\frac{\pi}{6}D_i^3 d\frac{d\bar{v}_i}{dt}=C_D\frac{\pi}{8}d_g D_i^2\bar{v}_i^2\bar{e}_i+q_i\bar{E}+\frac{1}{4\pi\varepsilon_0}\sum_{ij,i\neq j}^{N}\frac{q_i q_j}{r_{ij}^3}\bar{r}_{ij} \tag{5-1}$$

其中，系数 $C_D=\frac{24}{Re}(1+0.15Re^{0.687})$。$D_i$、$d$、$v_i$、$q_i$、$r_{ij}$、$d_g$ 分别表示液滴的直径、密度、速度、所带电荷、液滴之间的相互距离和周围气体的密度。方程右边第一项为周围气体对液滴的阻力，第二项为周围电场对其的作用力，第三项为周围液滴之间的相互静电作用力。

$$\bar{E}=\frac{\phi_0}{H}\nabla\phi^* \tag{5-2}$$

其中，ϕ^* 为一无量纲电势，其表达式为

$$\phi^*(r^*,z^*)=\frac{\zeta}{\lg(4H/r_c)}\lg\left\{\frac{[r^{*2}+(1-z^*)^2]^{1/2}+(1-z^*)}{[r^{*2}+(1+z^*)^2]^{1/2}+(1+z^*)}\right\} \tag{5-3}$$

式中，ζ 是与 H/r_c 有关的量级为 1 的系数，无量纲化的参数 $r^*=r/H$，$z^*=z/H$。

$$\frac{d\bar{x}_i}{dt}=\bar{v}_i \tag{5-4}$$

上式代表液滴的速度分布。

Wilhelm 等延续了 Ganan-Calvo 等的工作，并将标度率引入以简化描述这一复杂的系统，同时易于通过电流等的测量推测相关结果[2]。

如果特征数 $G=\left(\frac{\gamma^3\varepsilon_0^2}{\mu^3K^2Q}\right)^{1/3}<1$，有

$$\frac{D}{D_0}=1.6(\varepsilon_r-1)^{1/6}\left(\frac{Q}{Q_0}\right)^{1/3}-(\varepsilon_r-1)^{1/3} \tag{5-5}$$

$$\frac{I}{I_0}=\frac{6.2}{(\varepsilon_r-1)^{1/4}}\left(\frac{Q}{Q_0}\right)^{1/2}-2 \tag{5-6}$$

对于 $G>1$，有

$$\frac{D}{D_0}=1.2\left(\frac{Q}{Q_0}\right)^{1/2}-0.3 \tag{5-7}$$

$$\frac{I}{I_0}=11.0\left(\frac{Q}{Q_0}\right)^{1/4}-5 \tag{5-8}$$

其中，特征电流、液滴的直径和流量如前所述，即

$$I_0=\left(\frac{\varepsilon_0\gamma^2}{d}\right)^{1/2},\ D_0=\left(\frac{\gamma\varepsilon_0^2}{dK^2}\right)^{1/3},\ Q_0=\frac{\varepsilon_0\gamma}{Kd}$$

对于传质过程，有

$$\dot{m}_i=-\pi D_i C(T_{i,\mathrm{ref}})Sh[c_{i,s}(T_{i,s})-c_\infty(T_{g,\infty})] \tag{5-9}$$

其中，$\dot{m}_i$为液滴的质量变化率，Sh 表示 Sherwood 数，即对流质量传输与扩散质量传输的比值，用以描述液滴飞行中溶剂向周围气体中传输的两种传输机制的贡献。$C(T_{i,\mathrm{ref}})$表示温度为参考温度 $T_{i,\mathrm{ref}}$时的扩散系数。$c_{i,s}(T_{i,s})$和 $c_\infty(T_{g,\infty})$分别为液滴表面和远离液滴的气相中的溶剂浓度。

对于传热过程，有

$$\dot{F}_{r,s}=-\pi D_i\lambda_g(T_{i,\mathrm{ref}})Nu[T_{i,s}-T_{g,\infty}]-\Delta H\dot{m}_i \tag{5-10}$$

其中，$\dot{F}_{r,s}$为液滴的热流量变化率，Nu 表示 Nusselt 数，即对流热传导和扩散热传导的比值，用以描述、比较两者的相对贡献，大的 Nusselt 数表示强的液体运动和对流，用以描述液滴飞行中与周围气体热交换时对两种机制的贡献。$\lambda_g(T_{i,\mathrm{ref}})$表示温度为参考温度 $T_{i,\mathrm{ref}}$时的气体导热系数。$T_{i,s}$和 $T_{g,\infty}$分别为液滴表面和远离液滴的气相温度。ΔH 表示汽化潜热。

对上述过程同时解析，数字模拟是唯一恰当的方法。

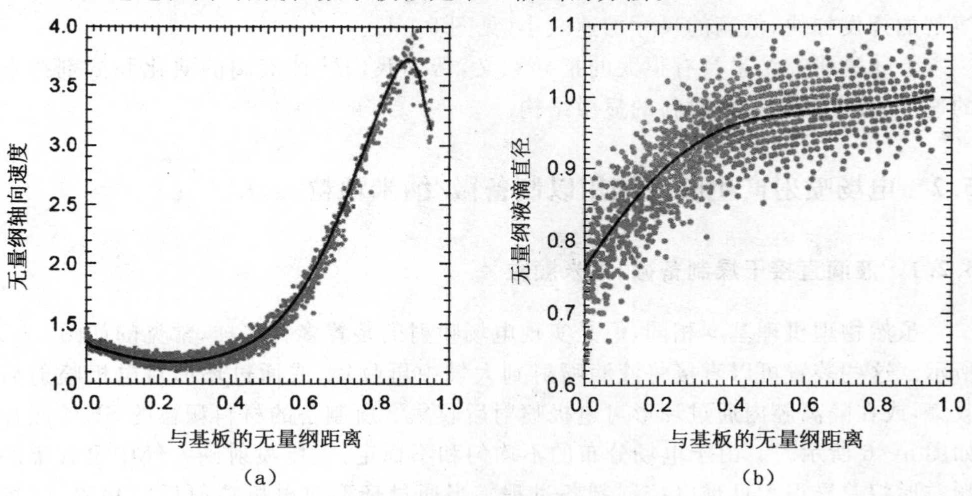

图 5-3　丁醇液滴的轴向速度(a)和尺寸(b)分布

(基板温度为 673 K，$H=30$ mm，$Q=2.67$ ml/h，$I=39.3$ nA)

从图中可以看到，远离基板的液滴，即刚刚喷射出的液滴，在电场作用下速度不断加大，并很快到达最大值，随后由于周围空气的阻力，速度不断减慢，在接近基板时达到平衡，但随即在镜像力作用下又略为加速(见图 5-3)。

与速度变化不同，由于溶剂的持续挥发，液滴的尺寸不断减小，并且在接近基板时，由于基板的热辐射，溶剂的挥发加快，液滴的尺寸加速减小(见图 5-4)。

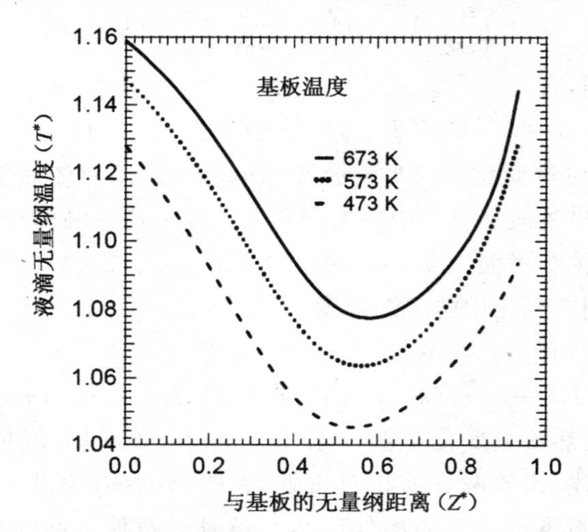

图 5-4 丁醇液滴的温度与基板温度的关系

(H=30 mm，Q=2.67 ml/h，I=39.3 mA)

显然，随着基板温度的升高，由于基板增强的热辐射，在液滴飞行的各个阶段，溶剂的挥发加快，液滴的尺寸加速减小(见图 5-4)。

上述的研究结果具有很大的指导意义，帮助我们估计液滴的演化和溶剂挥发的速度，控制所制备的材料的显微结构。

5.2 电场喷射产生的液滴用以制备微/纳米颗粒

5.2.1 液滴直接干燥制备微/纳米颗粒

虽然物理机理基本相同，但是实现电场喷射的装置多种多样，常见的如图 5-5 所示。这些装置可以直接将液滴喷射到大气中再收集，或通过环形对电极喷射后收集，或在隔离腔内通过环形对电极喷射后收集。所制备的材料颗粒的 SEM 照片如图 5-6 所示[3]。由于电场分布的不均匀和不稳定，直接喷射到大气中再收集的颗粒形貌差异很大且难以控制制备过程。当通过环形对电极喷射后收集时，电场分布的不均匀和不稳定大大降低，颗粒的均匀性得到改善。但是由于周围混乱气流对液滴的冲击作用，难以得到球形颗粒。在添加环形对电极的基础上，在隔离腔内的相对静止空气中喷射后收集，得到均匀分布的球形颗粒。

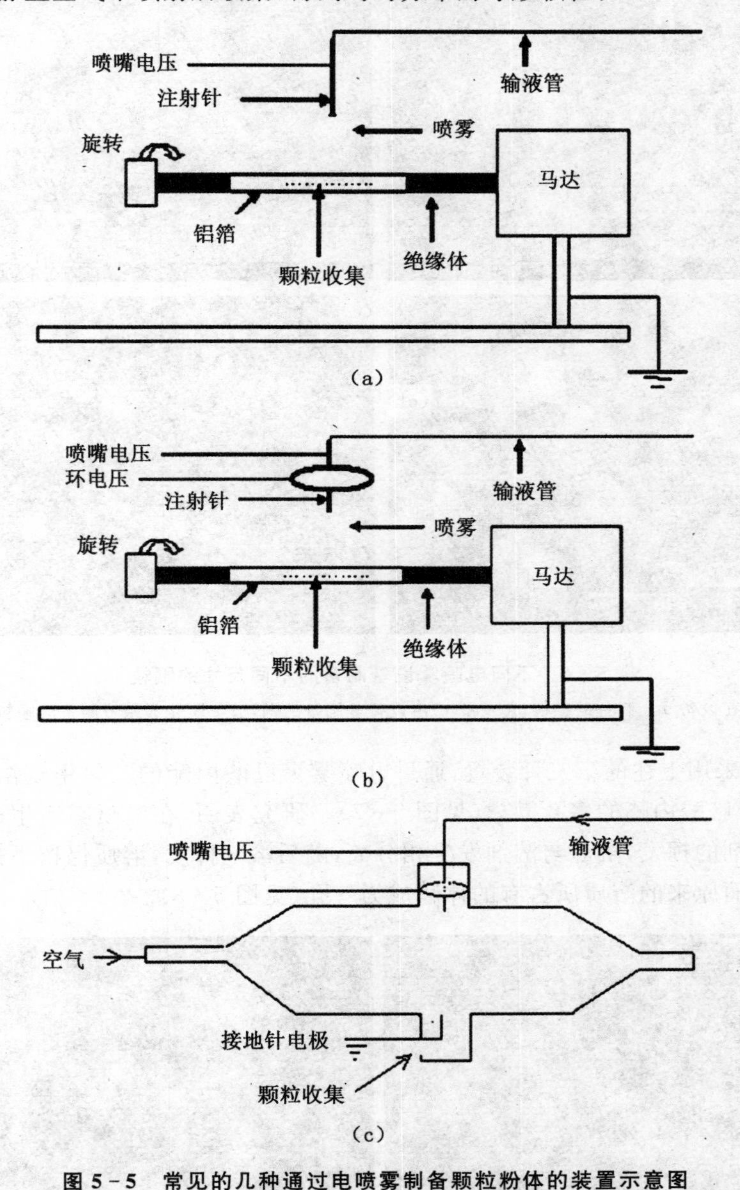

图 5-5 常见的几种通过电喷雾制备颗粒粉体的装置示意图

(a) 直接喷射到大气中再收集；(b) 通过环形对电极喷射后收集；(c) 在隔离腔内通过环形对电极喷射后收集

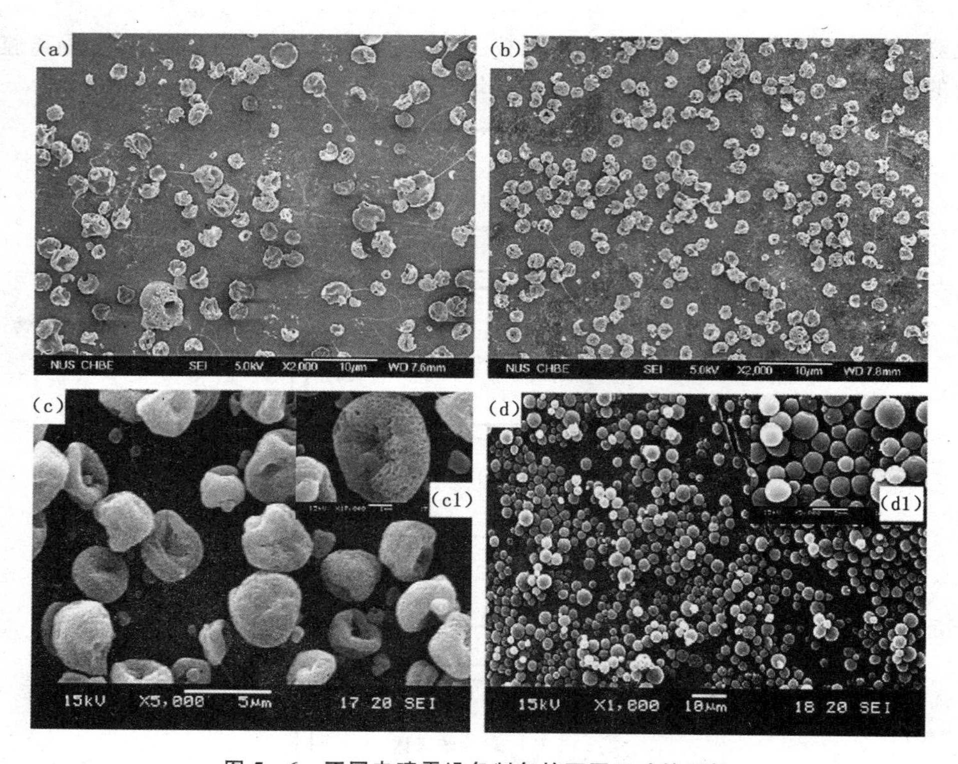

图 5-6　不同电喷雾设备制备的不同尺寸的颗粒

(a) 在设备 a 上制备的颗粒；(b)和(c)由设备 b 制备的颗粒；(d) 由设备 c 制备的颗粒

Wu 等采用上述的第三种装置，通过电喷雾聚已酸内酯的三氯甲烷溶液，成功制备得到聚已酸内酯的多孔微球(见图 5-7)。研究表明，在电喷雾产生的微液滴中，随着溶剂的挥发，溶质与溶剂发生相分离，随后溶剂挥发，溶质保留下来成为微球的骨架，而原来的溶质所占有的体积成为气孔(见图 5-8)。

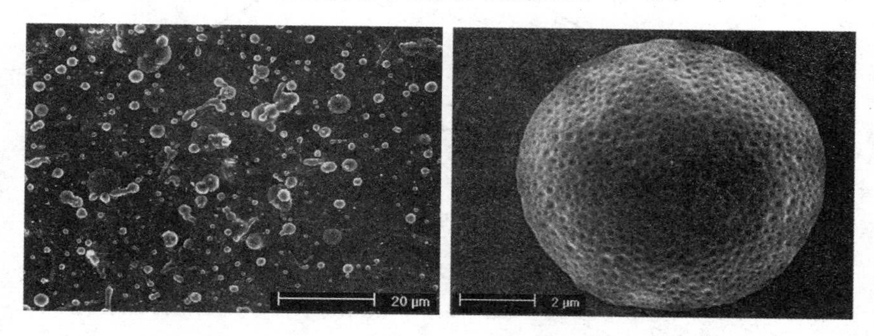

图 5-7　通过电喷雾制备得到的多孔聚已酸内酯微球

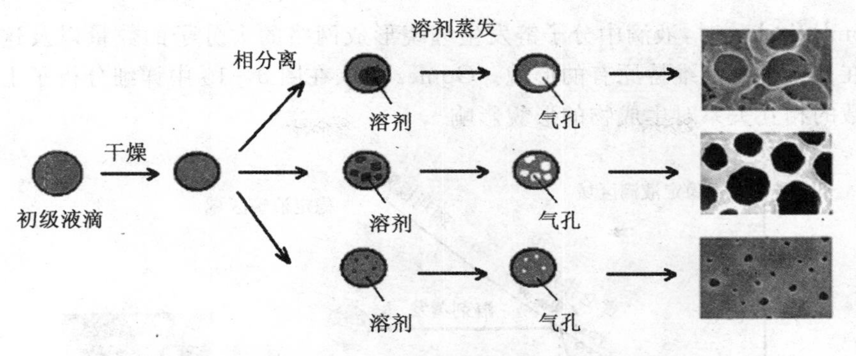

图 5-8　多孔聚已酸内酯微球的形成原理示意图

这是一项很有意义的工作，所制备的材料可以用于药物运输等。同时也证明了电喷雾可以用于制备均匀的多孔球体。

Gomez 等人仔细研究了液滴中溶质分离对所制备的颗粒形貌和显微结构的影响，如图 5-9 所示[5]。

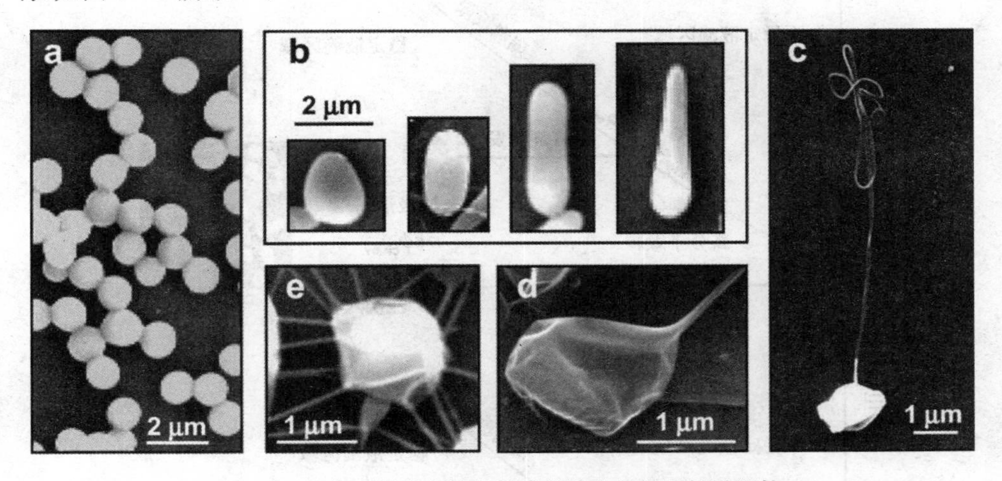

图 5-9　电喷雾产生的各种形貌的高分子材料微颗粒

(a) 球形颗粒；(b) 拉长的球形；(c),(d) 带有单根纤维的颗粒；(e) 带有多根纤维的复杂形状的颗粒

这里一个可能解释是：在溶剂蒸发时，如果微液滴的表面电荷密度达到 Rayleigh 极限前，液滴内的大分子链已经发生缠绕，那末，Coulomb fission 将不会使液滴发生变形或破裂，最后得到球状的高分子溶质。如果在溶剂蒸发时，液滴内的大分子链没有发生有效的缠绕前，微液滴的表面电荷密度已经达到 Rayleigh 极限，那末，Coulomb fission 将改变液滴的形态或使之破裂，最后溶质残余呈现不规则形貌。这是一个 Coulomb fission 和分子链缠绕的竞争过程，最终结果取决于在发生

Coulomb fission 时，液滴中分子链发生缠绕形成网络的大分子的数量以及这些大分子在多大程度上维持原有的形貌。Gomez 等人在图 5-10 中详细分析了上述两个因数的相互关系对生成物的形貌影响。

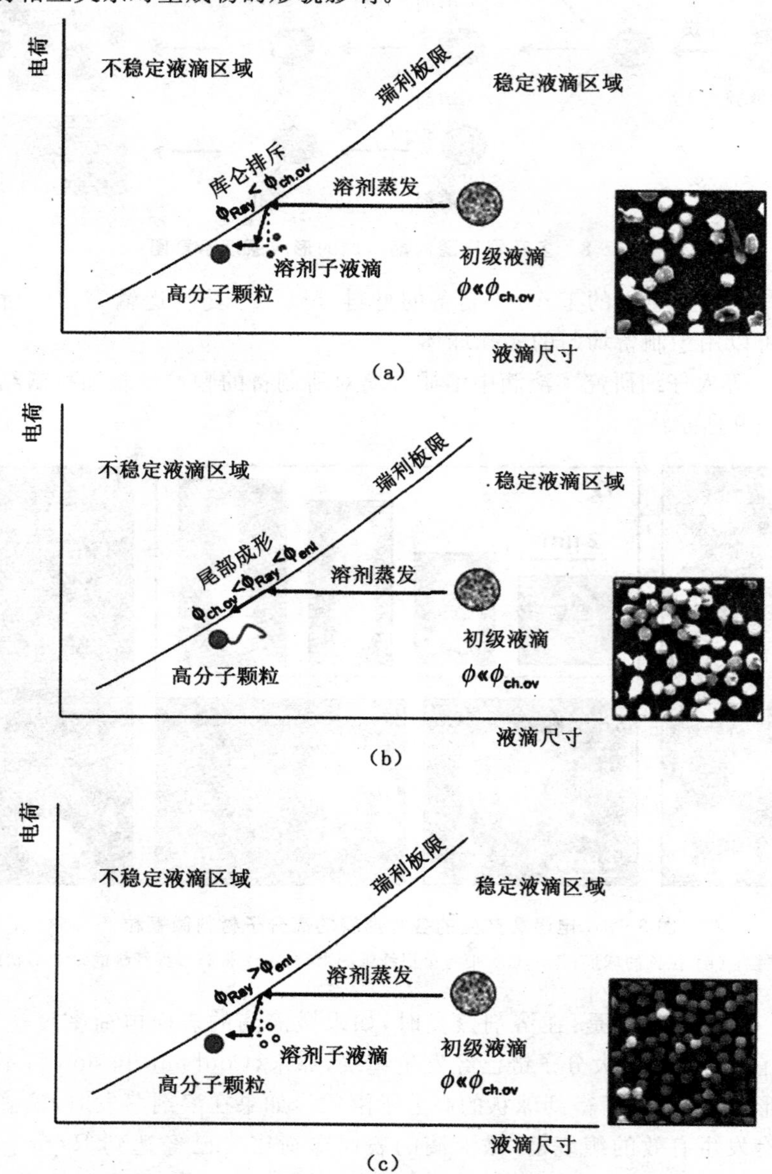

图 5-10　分子链缠绕与 Coulomb fission 的相互竞争

Wang 等则深入探讨了 Peclet 数对颗粒结构的影响[6]。Peclet 数定义为

$$P_e=\frac{\partial D_d \cdot D_d}{\partial t}/C_{AB} \tag{5-11}$$

Peclet 数很有意义。上式中分子表示液滴尺寸 D_d的变化，分母表示溶质(高分子)在溶液中的扩散系数。实际上，如果把液滴尺寸 D_d放在分母 C_{AB}下面，该式则表示了液滴尺寸 D_d的变化速度与溶质在液滴中重新分布时间的比值。所以，对于较小的 Peclet 数字，溶质在液滴中难以随时重新均匀分布。结果是随溶剂的蒸发，会在液滴外侧形成由高分子组成的硬壳，液滴随后成为中空结构。但由于外力作用，中空结构往往坍塌为凹陷颗粒。当 Peclet 数字增大时，溶质在液滴中随时能够在一定程度上重新分布。因此，随着溶剂的蒸发，部分高分子溶质会在液滴外侧形成由高分子组成的多空结构，最终形成多孔球形颗粒。如果 Peclet 较大时，随着溶剂的蒸发，溶质在液滴中随时重新均匀分布，因此，随着溶剂完全蒸发后，形成由高分子组成的均匀的球形颗粒。图 5-11 描绘了上述过程。图 5-12 具体检验了 Peclet 数与所形成的颗粒结构的对应关系。

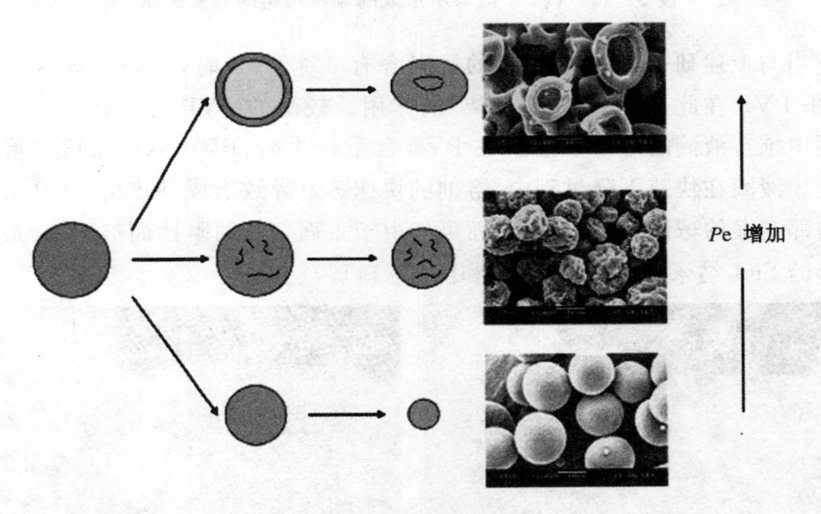

图 5-11　溶质瞬间分布状况对所形成的颗粒结构的影响

与上述现象密切相关的是 Kameoka 等的一个研究报道[7]，如图 5-13 和图 5-14 所示。通过热处理，电喷雾产生的参杂 PVP 的 SiO_2溶胶的每个微液滴转变成半球形 SiO_2纳米杯，其直径可以用调节 PVP 浓度来实现，即较高的 PVP 浓度对应较大的 SiO_2纳米杯。SiO_2纳米杯的半球形度与溶胶中的离子浓度有关，较高的离子浓度伴随更好的半球形度和较小的中孔。这种结构可以用于药物装载和运输以及化妆品和染料等的制备。对于这种半球形 SiO_2纳米杯的形成原理还未完全清楚，

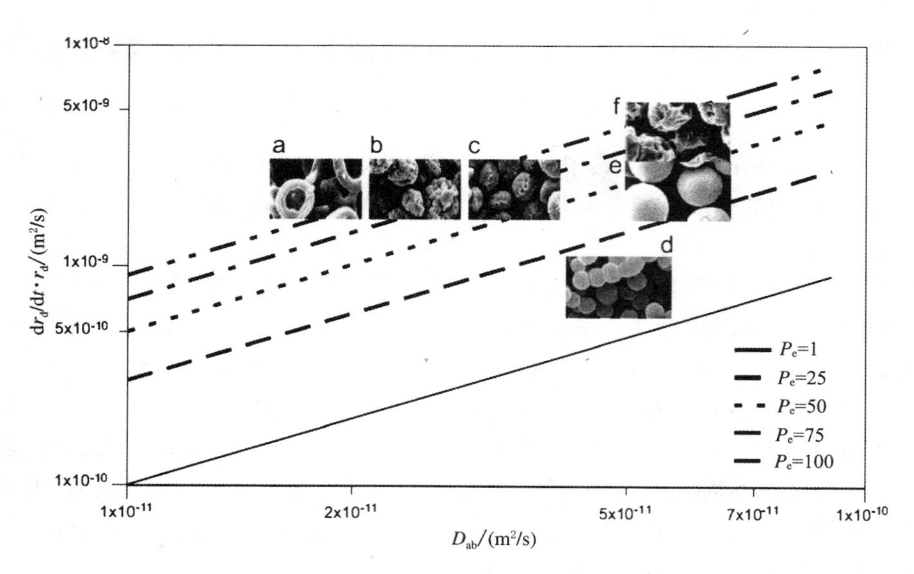

图 5-12 Peclet 数与所形成的颗粒结构的对应关系

但是应当与上述研究结论是一致的。当含有 6% PVP 时，产物为球珠而非纳米杯，似乎 PVP 在此过程中起到“骨架”的作用。较高的 PVP 含量在后来的干燥和热处理中维持液滴的球形状态。在 PVP 含量较少时，PVP 不足以均匀地充满整个液滴。液滴在快速下降过程中，溶剂的快速蒸发导致形成外皮由 PVP 大分子构成的内部空虚的球体，其向下的一面可能由于正面气流的阻挡而被压塌，最终形成半球形的 SiO_2 纳米杯（见图 5-13 和图 5-14）。

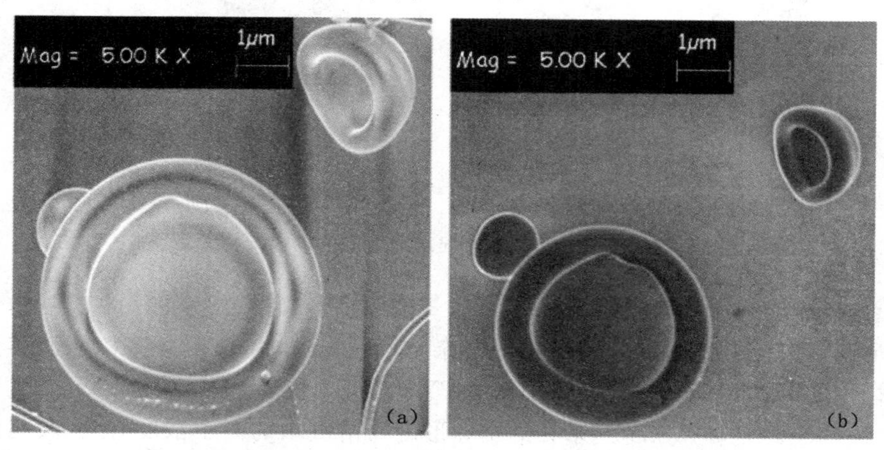

图 5-13 SiO_2 杯的 SEM 照片

(a) 未热处理前的形貌；(b) 在空气中经 850℃热处理 3h 后的形貌

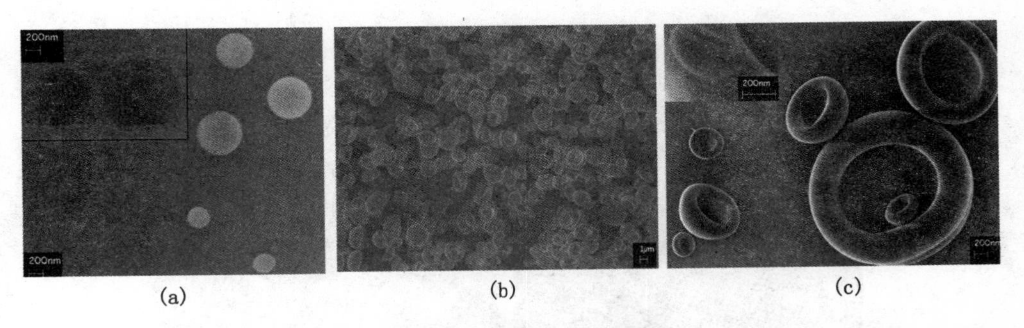

图 5-14　颗粒的 SEM 像

(a) 使用 6% PVP 溶液得到的 PVP 球珠；(b)和(c)添加 0.3%PVP 得到的 SiO_2 半球杯

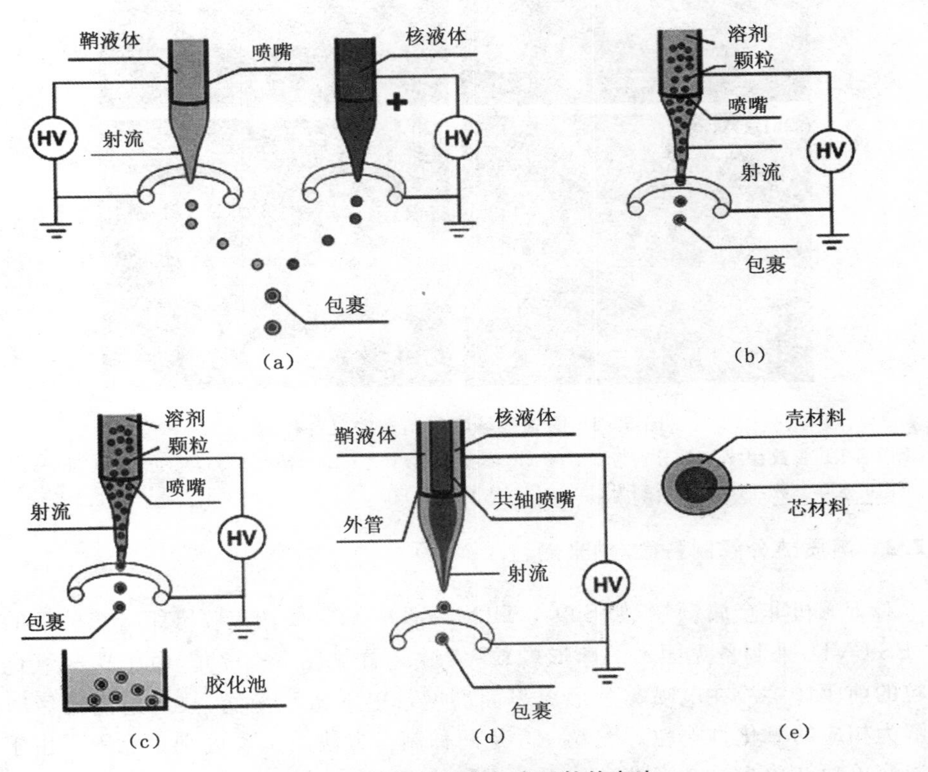

图 5-15　各种制备包裹颗粒的方法

(a) 两种带有异种电荷的液滴吸引碰撞融合；(b) 电喷雾后溶剂挥发留下的有外层的包裹颗粒；(c) 电喷雾产生的微液滴进入凝胶池形成包裹颗粒；(d) 同轴喷射得到的包裹颗粒；(e) 包裹颗粒的一般结构

另外一个研究热点是制备包裹颗粒，用于药物缓释和改变颗粒表面性能。已经证明的可行途径如图 5-15 所示[1]。但是，通过同轴喷射制备包裹颗粒被认为是最有前途的方法。

例如，通过同轴电场喷射制备芯部为蛋白质药物，外层为可生物降解的复合颗粒。在通常情况下，由于蛋白质易于失去活性和发生团聚，难以将药物蛋白质有效分散。样品能够溶解酵素表明这种方法制备得到的复合颗粒（见图 5-16）能够保证药物蛋白质的有控制缓释，有效期和效率远高于目前其他方法制备的样品[8]。

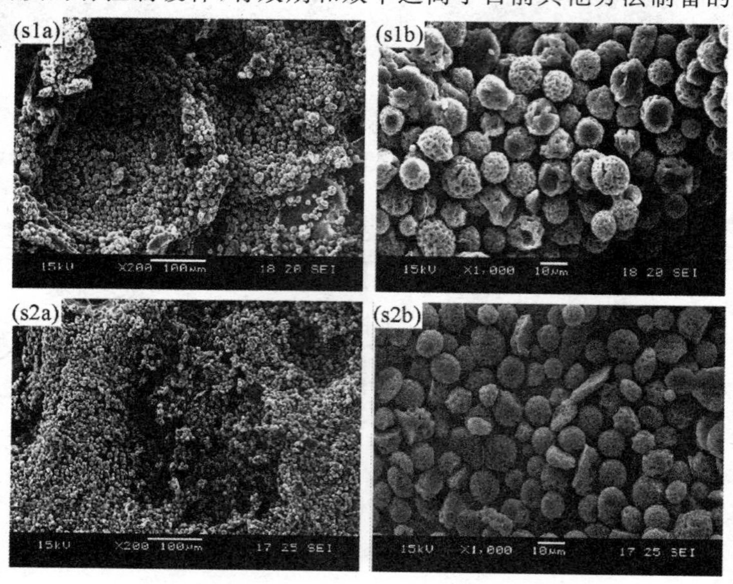

图 5-16 同轴电场喷射制备的复合颗粒

上图的工作参数：内外流速分别为 0.2 mL/h（浓度 10%）和 4 mL/h（浓度 5%），药物含量 0.286%；
下图的工作参数：内外流速分别为 0.2 mL/h（浓度 10%）和 4 mL/h（浓度 5%），药物含量 0.501%

5.2.2 溶质热分解制备微/纳米颗粒

对于无机非金属颗粒，如 SiO_2，TiO_2，ZrO_2 等，需要用电喷雾结合热分解的方法（ES-CVD）来制备无团聚的球形颗粒（实验装置见图 5-17）。由于这些氧化物颗粒的前驱体溶液在电喷雾后形成表面高度带电的微小液滴，故通过高温区时热分解为相应的氧化物颗粒。图 5-18 是两种制备方法的基本区别示意图。由于每个液滴单独转化为一个颗粒，因此，与传统的 CVD 方法相比，ES-CVD 方法制备的球形颗粒基本没有团聚（见图 5-19 和图 5-20）。

从图中可以看到不同前驱体溶液浓度对所制备的 SiO_2 颗粒分布和尺寸的影响。其中，(a) $3.7\text{x}10^{-7}$ mol/L，(b) $1.5\text{x}10^{-6}$ mol/L，(c) $3.7\text{x}10^{-6}$ mol/L。

另外一个类似的工艺如图 5-21 所示[10]。它与上述装置的主要差别是，在热解之前中和去掉液滴表面电荷。硝酸锌和硫脲的乙醇溶液经过电喷雾后，成为带电微液滴；为避免静电互斥而分散并被吸引沉积到管壁，液滴经过辐射中和后随惰性载气进入反应炉，在炉内热解并反应生成 20～40 nm 的球形非团聚硫化锌颗粒。

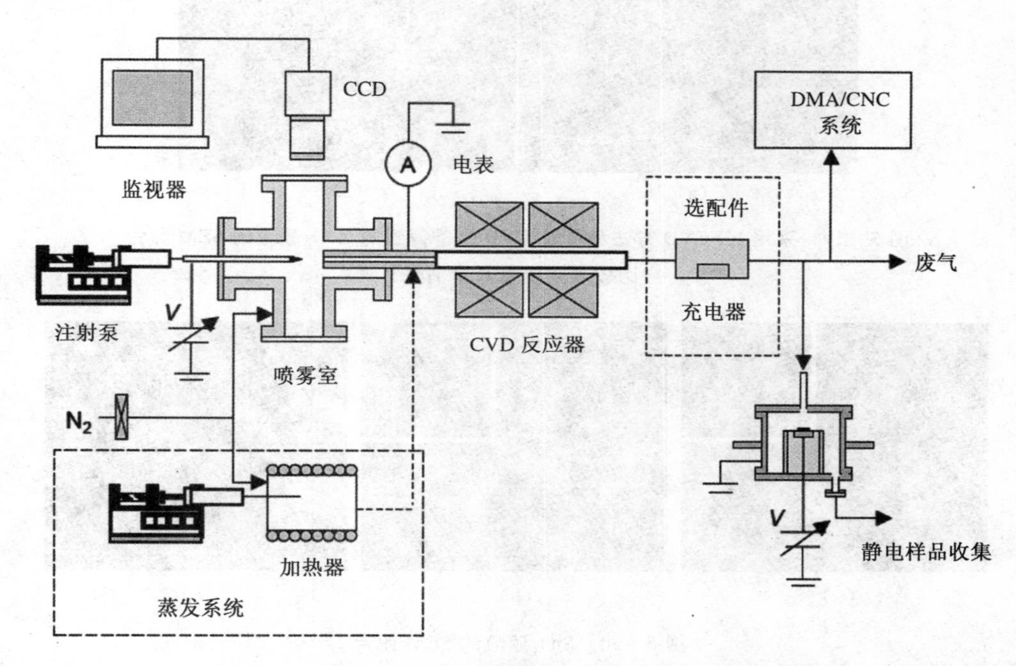

图 5－17　ES-CVD 的装置原理示意图

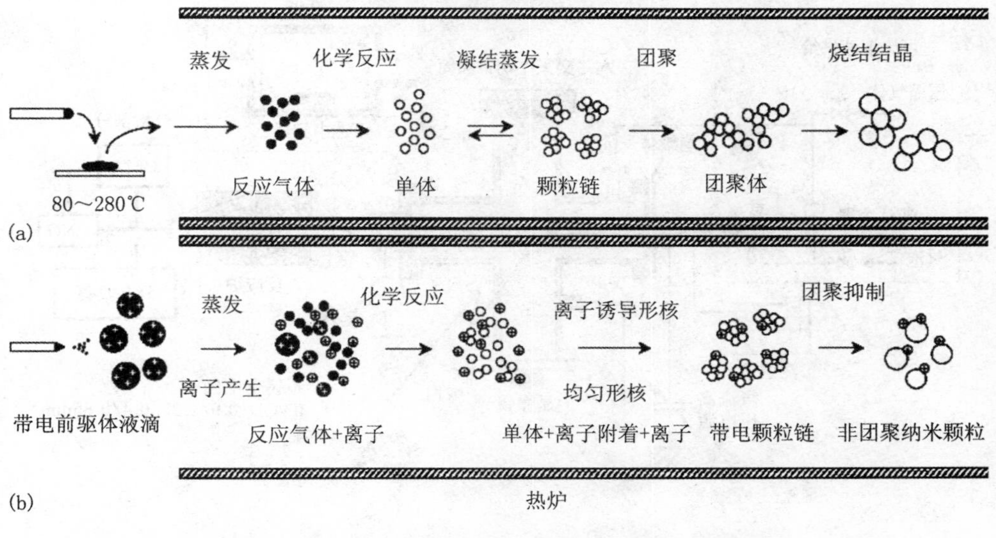

图 5－18　ES-CVD 制备过程和传统 CVD 制备过程的比较

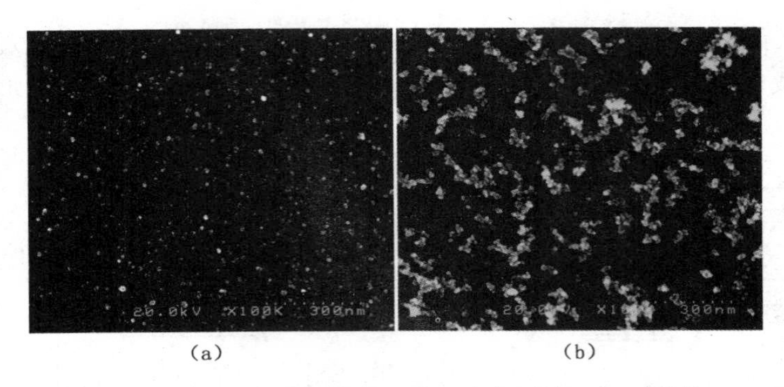

图 5-19 采用 ES-CVD 方法和传统 CVD 制备得到的 ZrO_2 颗粒的 SEM 照片（比较表明团聚基本消失）

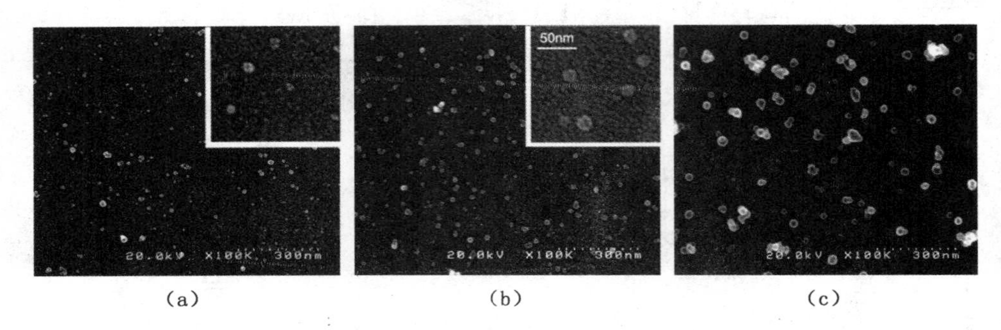

图 5-20 SiO_2 颗粒的 SEM 照片

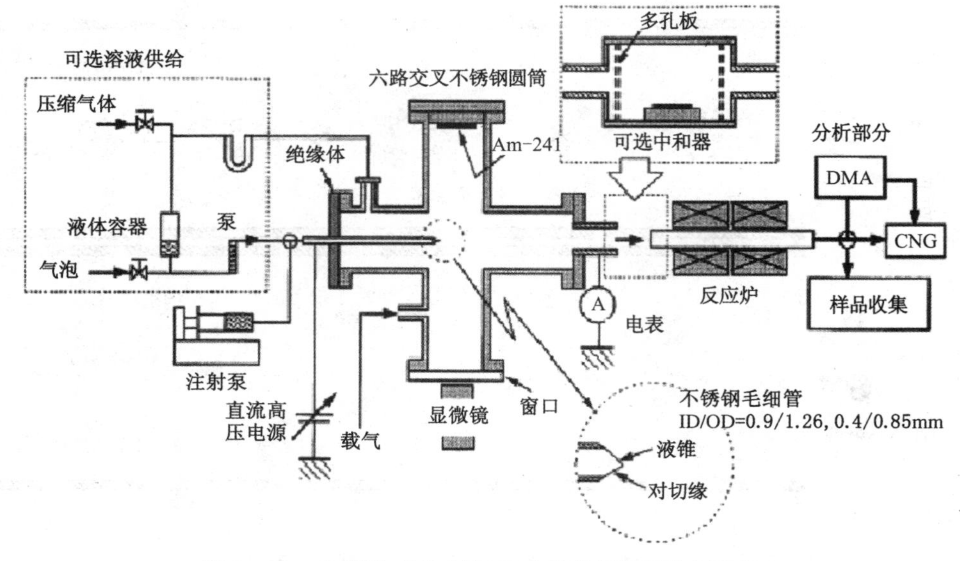

图 5-21 电喷雾-热解制备 ZnS 纳米颗粒系统示意图

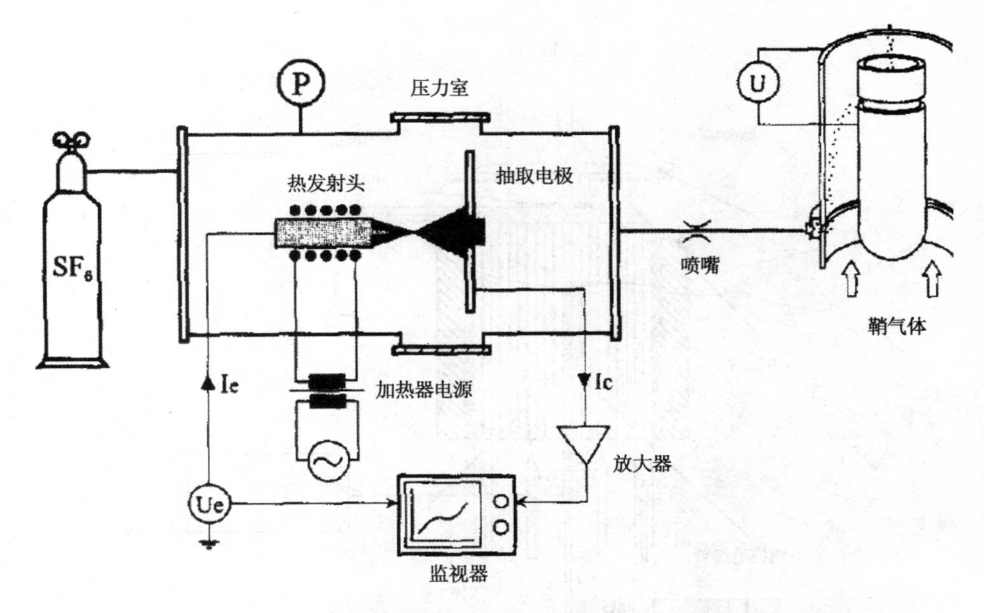

图 5-22　电喷雾制备 Ga 纳米颗粒系统示意图[11]

虽然电喷雾主要用于常温液体的雾化,但在某些情况下,也可用以雾化液态金属,但是由于金属具有高电导率,其工作机理与通常的电场喷雾有所不同,例如液面上的切向电场应力很小等。另外,高电导率的液面会发射大量离子,形成远超过液体可能携带的电流。图 5-22 所示为金属 Ga 受热熔化后,在高电压作用下发生 Taylor 喷射雾化,冷却收集后得到 Ga 纳米颗粒。由于液态金属表面能远大于常见液体的表面能,实现 Taylor 喷射所需电场强度很高。因此,为避免周围气体电离而降低所加电压,采用在耐击穿的高压 SF_6 气体中进行 Taylor 喷射雾化。这里,SF_6 气体的存在大大抑制了液面的离子发射,从而保证射流的形成和雾化的发生。

如图 5-23 所示,Kim 等人提出了一种火焰电喷雾热解制备氧化物纳米颗粒(CeO_2)的方法。所得到的颗粒结晶完整。其过程是:前驱体溶液被电喷雾为微液滴,进入 CH_4/空气混合火焰中,收集得到的纳米颗粒尺寸有三个分布峰。较大和中等的颗粒来自于初级液滴和卫星液滴,而最细小的颗粒为库仑喷射所产生。分析表明,较大颗粒包含数个微小晶体,而其他颗粒均为球状无团聚单晶颗粒。显然,液滴表面电荷有效地阻止了细小颗粒的接触烧结,从而避免了团聚的形成。这是一种重要的制备无硬团聚的纳米氧化物颗粒的方法。但是,如何避免或去除多晶大颗粒是一个困难的问题(见图 5-24)。

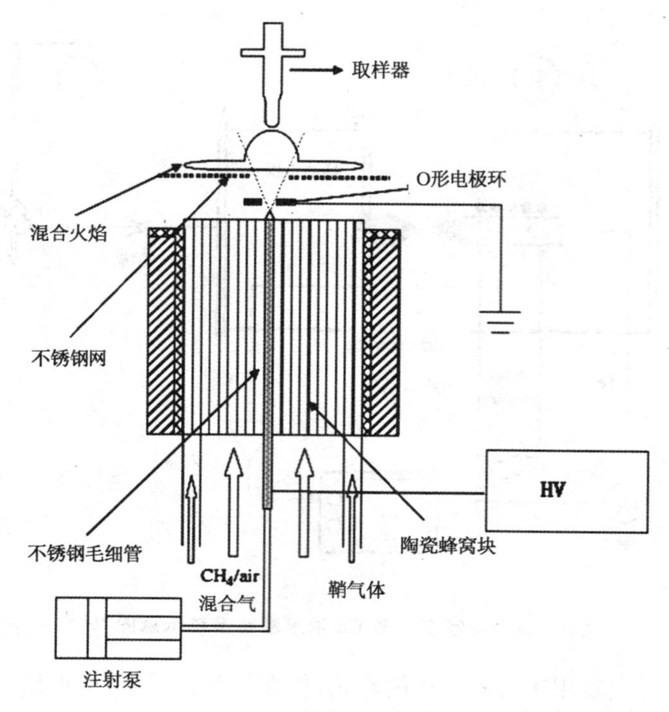

图 5-23　火焰电喷雾热解法制备氧化物纳米颗粒装置示意图

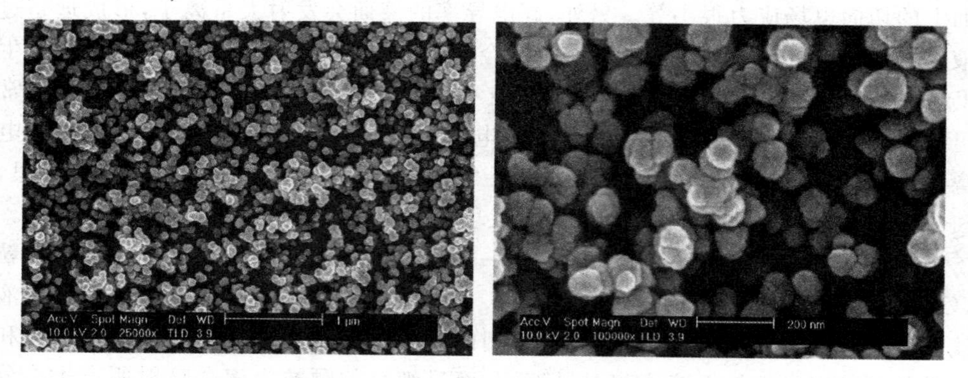

图 5-24　CeO_2 纳米颗粒的 SEM 照片和放大图(从中可以看到里面有明显的颗粒团聚)

李建林等提出一种新的电喷雾/纳米火焰方法制备氧化物纳米颗粒[13]。由于引入尖端充电和空间电荷压缩机制,基本解决了颗粒的团聚和单分散问题。

电喷雾-纳米燃烧法如图 5-25 所示,所得粉体如图 5-26。首先,使用液体泵将乙醇推进到燃烧器中。乙醇通过内表面的细孔,连续喷出并燃烧形成稳定的向上火焰后,另一台液体泵把前驱体溶液以恒速推出金属细管进入强电场。在电场

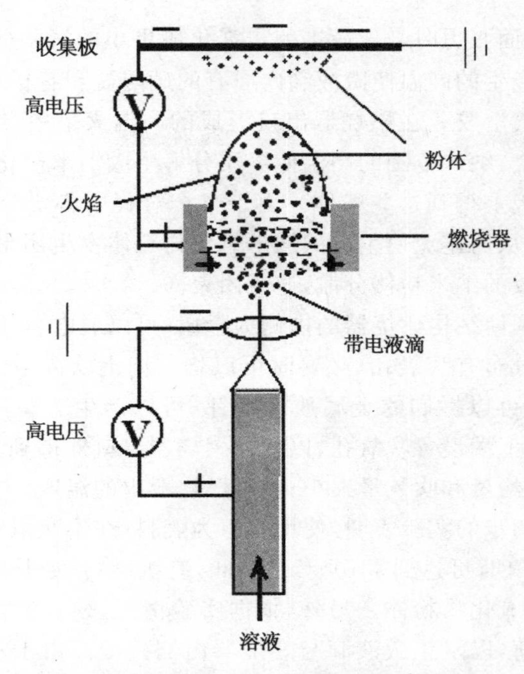

图 5-25　用电喷雾-纳米燃烧法制备氧化物纳米粉体示意图

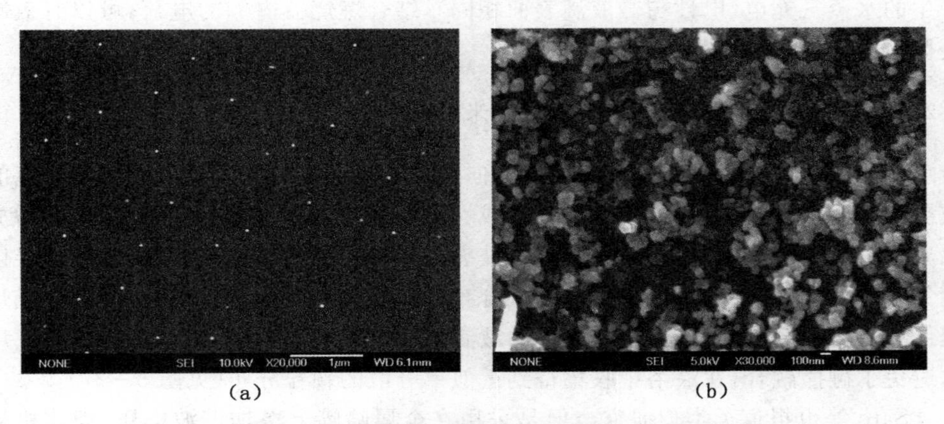

图 5-26　电喷雾-纳米燃烧法制备的氧化物纳米粉体
(a) NiO；(b) ZnO

作用下，在金属细管末端形成稳定的锥形喷射(Cone-jet mode)，通过环形电极后形成表面带电的微液滴雾气，实现电喷雾。此时，由于微液滴向上的速度和燃烧产生的负压将电喷雾产生的微液滴雾带入燃烧器，微液滴内的溶剂随即开始蒸发燃烧。由于这些液滴表面高度带电，随着溶剂挥发，表面电荷之间产生更加强烈的排斥作用，当此作用超过表面张力时微液滴进一步雾化成更小的液滴(Coulomb fission)。燃烧器内溶剂燃烧产生的高温使微液滴内原有的硝酸盐和有机燃料干燥或部分干燥成为带电的纳米气溶胶。在燃烧器出口形成的高温火焰中，纳米气溶胶颗粒自身反应产生剧烈燃烧，纳米范围的高温使溶质分解生成纳米氧化物固溶体粉体，随后在上方水冷收集板上得到这些粉体。由于整个过程中将要分解的溶质带电，而且是分散的气溶胶，从而避免使生成的纳米氧化物粉体发生团聚。另外，纳米燃烧产生的气体也使生成的纳米粉体分散，避免团聚。

已获得专利的圆筒结构燃烧器的内侧为金属(可以通电)，外层为陶瓷，燃烧器内侧从下向上依次分布有吹氧孔(必要时可以均匀向上吹入空气或氧气)、燃料孔(细孔以供给乙醇)、可以拆卸的金属放电细针(可以产生与微液滴表面相同的电荷)。在燃烧器内侧上端设置吹氧孔，以便在燃烧器出口外得到高温火焰。根据需要，通过改变乙醇供给量和吹氧量大小，控制燃烧器内的温度分布和燃烧器出口处的火焰温度。我们初步的实验表明，使用乙醇为燃料，在不吹氧时出口火焰温度已达到 700℃，少量吹氧时可达到 1 100℃。因此，有机燃料，如甘氨酸和硝酸盐能够完全反应燃烧，得到氧化物粉体。另外，根据实验情况，燃烧器内侧可以带有与微液滴表面相同的电荷，以阻止微液滴与燃烧器内侧接触。由于乙醇和溶剂燃烧会产生水蒸气，可能导致微液滴表面电荷散失。燃烧器内侧的放电针可以给乙醇和产生的水蒸气充电(电性与微液滴表面相同)，结合燃烧器内侧的电荷，可以有效减缓微液滴表面电荷散失。

5.2.3 控制射流破裂制备单分散微/纳米颗粒

如前所述，由于随机扰动，沿射流方向传播增幅最快的扰动波最终控制射流的破裂。由此出发，通过强迫喷管震动造成大幅度扰动，当此扰动沿射流方向传播放大后，在射流末端会引发并控制射流的破裂。在没有施加电压时，产生的液滴难以避免碰撞融合，结果形成不规则的颗粒分布。在施加高电压后，虽然液滴的生成过程依然由振动产生的扰动控制，产生的液滴表面带有较强的同种电荷，因此相互斥力避免了碰撞融合，在液浴中收集得到近似单分散的颗粒分布(见图 5 - 27)[14]。

Sato 等也报道了类似研究。但是采用在金属喷嘴上叠加谐波电压，而非机械振动的方法。通过电压谐波使液面电荷密度发生同步变化，在射流中引发同步扰动。由于此扰动幅度远大于随即产生的扰动幅度，从而成为最优成长波动，并最后控制射流实现同步破裂[15](见图 5 - 28)。

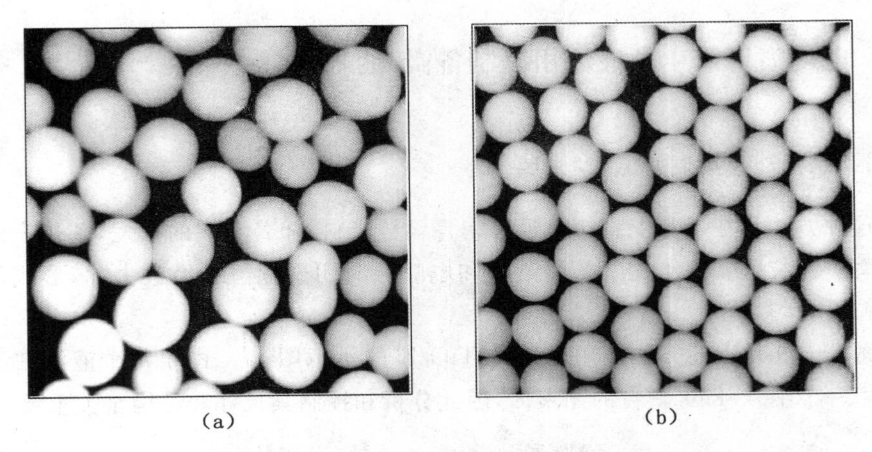

图 5-27　电场对褐藻酸钠微球的尺寸分布的影响

(a) 未叠加交变电场；(b) 叠加交变电场

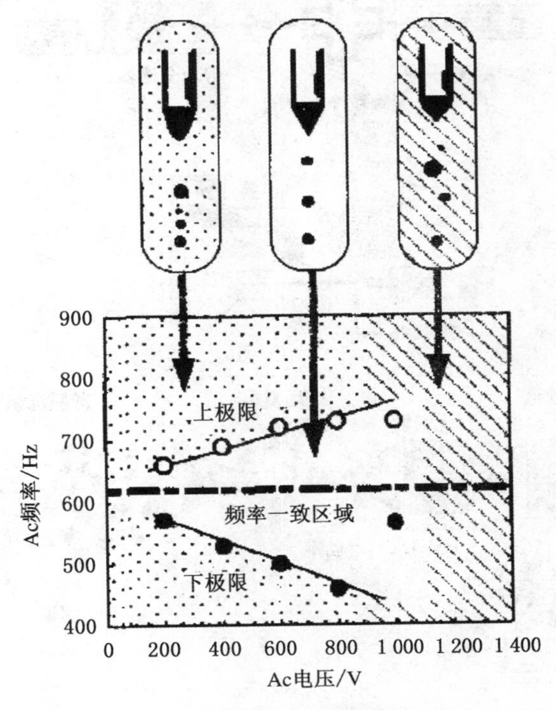

图 5-28　简谐电压对射流破裂过程的影响

5.3 电场喷射产生的液滴用以制备微/纳米膜

5.3.1 悬浊液喷射制备微/纳米膜

这种方法是在基片上直接电喷雾陶瓷颗粒浆料，随着溶剂的挥发，基片表面会形成陶瓷颗粒膜。由于在浆料的制备和电喷雾时团聚颗粒已经被去除，形成的陶瓷颗粒膜均匀细密。

图 5-29 是上述方法被用来制备 TiO_2 膜的示意图[16]。由于每个液滴在基板上产生一个纳米 TiO_2 颗粒的团聚体，因此分析和控制其尺寸和结构至关重要。

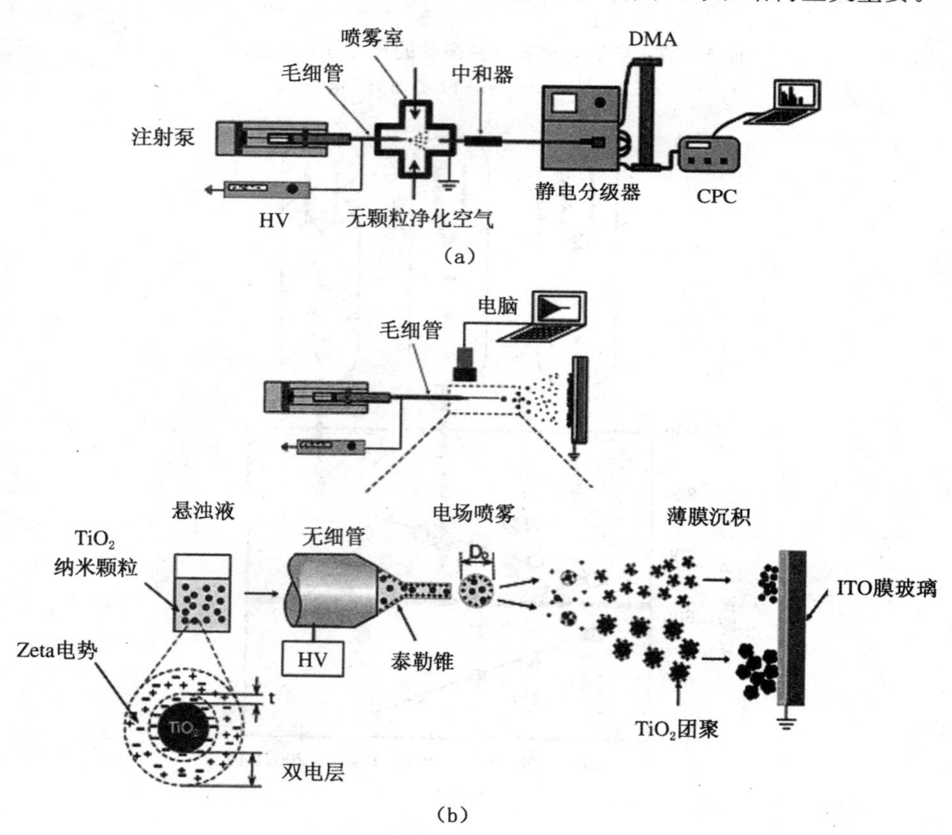

图 5-29 制备 TiO_2 膜的示意图

(a) 测量电喷雾产生的 TiO_2 悬浊液微液滴的粒径分布装置图；(b) 电喷雾产生的 TiO_2 悬浊液微液滴沉积在基片上形成 TiO_2 膜的示意图

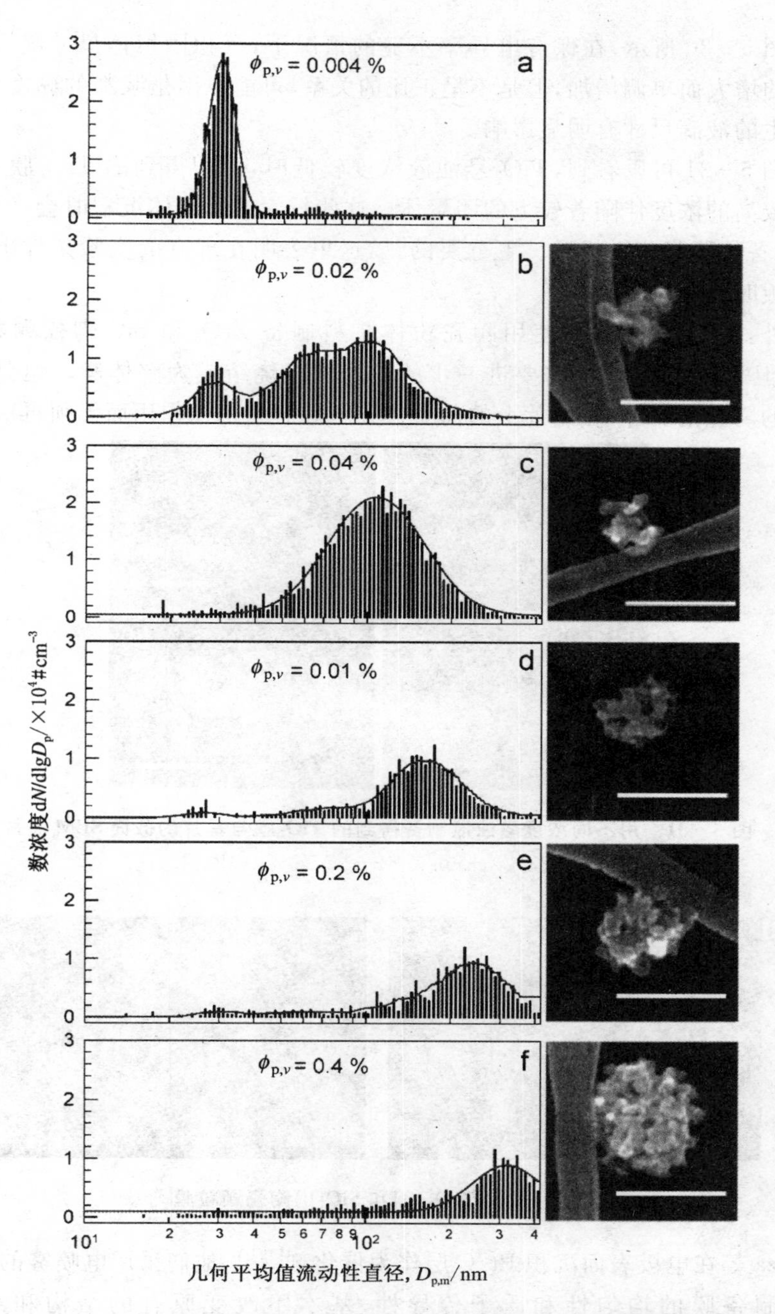

图 5－30　在保持电导率不变的情况下，TiO_2 悬浊液浓度与沉积团聚体尺寸分布的关系。右列为所得到的颗粒的形貌(标尺为 300 nm)

如图 5－30 所示，在保持电导率不变的情况下，沉积团聚体尺寸随 TiO_2 悬浊液浓度的增大而单调增加，但是不呈正比的关系，可能原因是浆料的黏度增加对电喷雾产生的液滴尺寸有明显影响。

从图 5－31 可以看到，TiO_2 悬浊液浓度较低时，沉积得到的 TiO_2 膜组织细密均匀。较高的浓度伴随着较大的团聚体。这些较大的团聚体沉积时会产生架空现象，使制备的薄膜疏松粗糙。更重要的是，这里表明在现有的实验条件下，液滴在到达基板时已基本干燥。

另外，Chen 等报道了使用陶瓷粉体浆料制备 ZrO_2 和 SiC 陶瓷颗粒膜的工作[17]。但是由于是生膜，需要进一步的热处理以烧结成为整体膜。但是，如果添加适当的陶瓷前驱体，在基片上的前驱体分解后起到粘连作用而无须再次热处理。

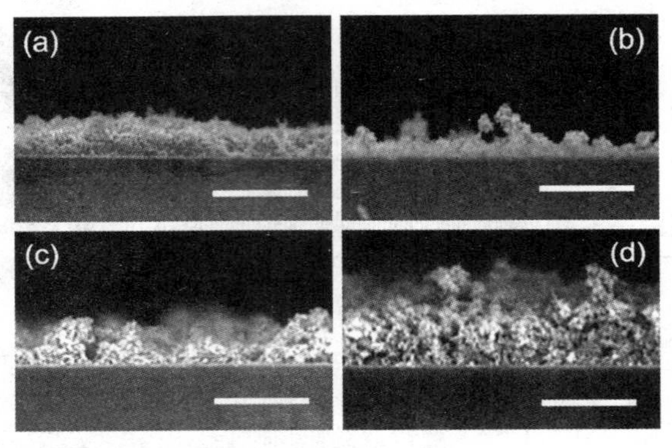

图 5－31　用不同浓度悬浊液制备得到的 TiO_2 膜与基片的截面 SEM 照片

(a) 0.04%；(b) 0.10%；(c) 0.20%；(d) 0.40%

图 5－32　ZrO_2 (a)和 SiC(b)陶瓷颗粒膜

Daza 等在电极表面沉积 Pt/C 层作为催化剂[18]。他们采用电喷雾的方法显著提高了制备膜的均匀性和质子传导性；基本不改变原有的结构和纤维分布(见图 5－33)，综合性能超过目前产品的两倍。

另外，一个有趣的工作是采用有机模版的方法制备陶瓷中空微管。在有机纤维表面电喷雾沉积氧化铝粉体层后，经空气热解去除模板并在 1 400℃下烧结，得到致密的多晶氧化铝中空管[19]。

电喷雾同样被成功应用于有机膜的制备[20]，例如制备偏二氟乙烯膜(见图 5 - 35)。研究表明，在密切影响膜结构的因素中，液体的溶质浓度、电导率以及流速是关键。从图中可以看到，溶液浓度明显影响膜的表面结构，如粗糙度、颗粒分布等。

图 5 - 33　碳布质子交换膜 SEM 照片

(a) 原始碳布；(b) 溶液浸渍；(c) 溶液喷洒；(d) 电喷雾沉积

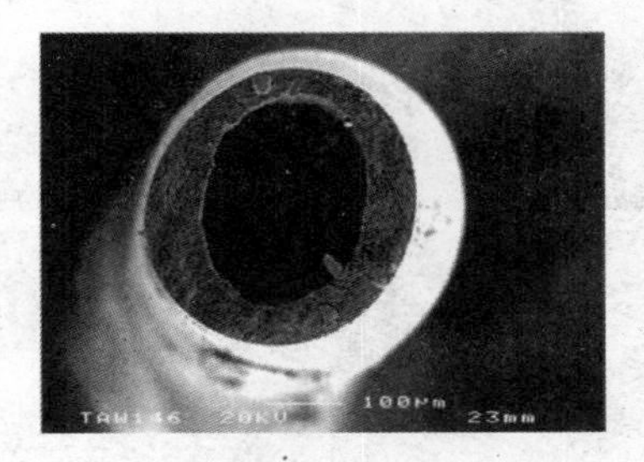

图 5 - 34　烧结得到的氧化铝微管的 SEM 照片

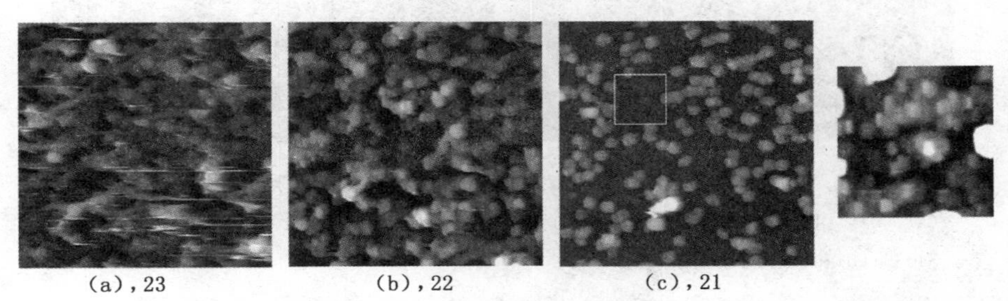

图 5 - 35　电喷雾偏二氟乙烯/丙酮溶液所制备的偏二氟乙烯膜的表面形貌与浓度的关系

(a) 0.05；(b) 0.015；(c) 0.005 wt%。图像尺寸为 $5\times5\mu m$，插图为 $1\times1\mu m$。

5.3.2 前驱体溶液喷射制备微/纳米膜

采用前驱体沉积后热分解的方法，制备得到的膜较为细密，同时与基板具有较高的结合强度。Pt 电极由于其稳定性具有广泛的用途，一般是采用溅射的方法制备。通过采用前驱体热解制备 Pt 电极是一种相对便捷的方法。例如，首先使前驱体 $Pt(NH_3)_4(OH)_2(H_2O)$和 $PtCl_4$分别溶解在适当的溶剂中，通过电喷雾将前驱体层均匀沉积在 8 mol% Y_2O_3稳定的 ZrO_2(YSZ)表面。由于基片处于预热状态，前驱体随即热分解为纳米金属 Pt 膜(见图 5-36)[21]。

Siadat 等采用 $Zn(Ac)_2$为前驱体，通过电喷雾后热解的方法，在预热到 350℃的 Pt 覆盖在基片上，成功沉积得到没有裂纹的 ZnO 颗粒膜，如图 5-37 所示[22]。研究发现较大的流速产生较大的液滴，伴随着较快的沉积厚度和较大的 ZnO 颗粒尺寸。

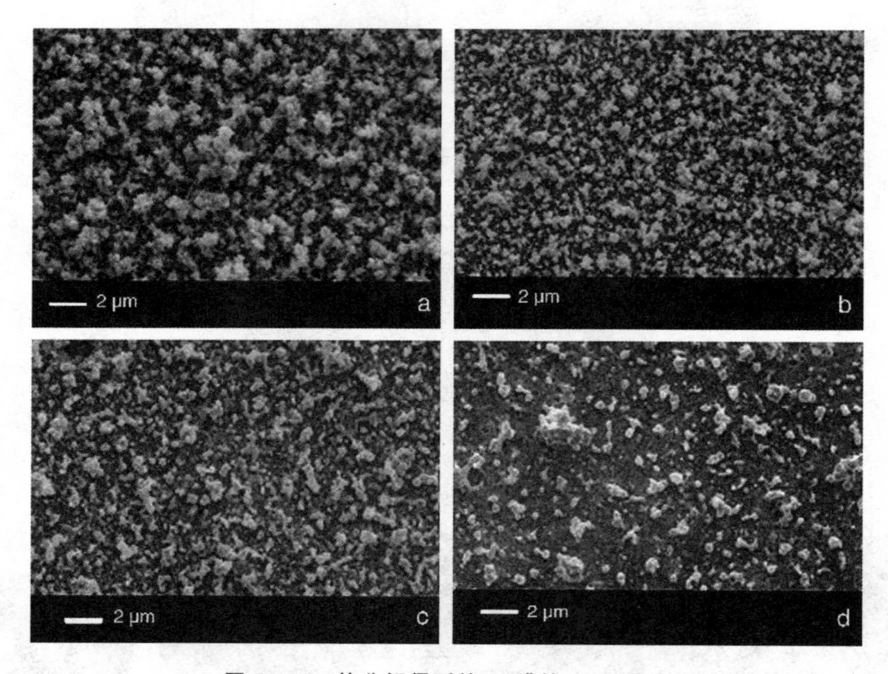

图 5-36 热分解得到的 Pt 膜的 SEM 照片

(a),(b)使用的前驱体为 $PtCl_4$;(c),(d)为 $Pt(NH_3)_4(OH)_2(H_2O)$(沉积温度(a)和(c)为 343℃;(b)和(d)为 434℃)

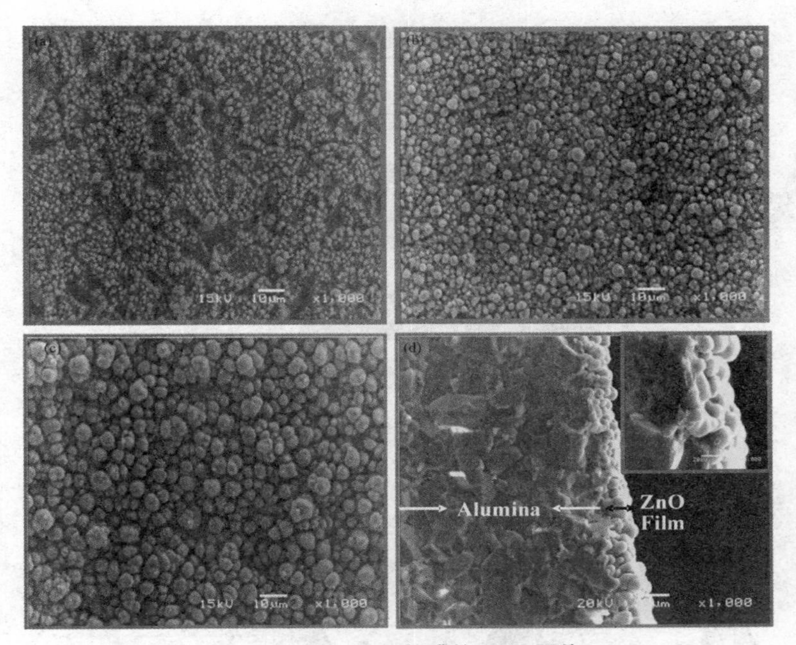

图 5-37　ZnO 颗粒膜的 SEM 照片

(a) 流速为 1 mL/h,沉积 1 h; (b) 流速为 2 mL/h,沉积 1 h; (c) 流速为2 mL/h,沉积 2 h; (d) 为图(c)的侧面照片

5.4　电场喷射的按需喷射和沉积

在基板表面按照需要沉积,从而形成图案化沉积分布是现代微加工工艺的重要方面之一,喷墨打印即是其中的一项重要技术。但是,为产生细小的液滴,喷墨打印需要同样尺寸细小的喷嘴,在使用高固体含量的墨水时,容易发生阻塞。由于电场喷雾产生的液滴为喷管直径的十分之一以下,因此,可以使用较大的喷管沉积细微的图案。

目前,主要有两类沉积方法:直接沉积和间接沉积(见图 5-38)[1]。每一类还可细分出多种方法。这里主要描述具有代表性的几个工作。

5.4.1　脉冲电压控制的按需直接喷射和沉积

Kim 等提出一项非常独特的按需沉积技术[23]。一般来讲,把电场喷射产生的液滴按照需要排列,通过利用液滴表面的电荷控制其运动方向。与上述方法不同的是,这项技术是通过叠加脉冲电压使液面出现 Taylor 喷射(见图 5-39)。由于对电极距离较小,射流直接接触对电极,类似于“添”下印记。与此同时,基板均匀

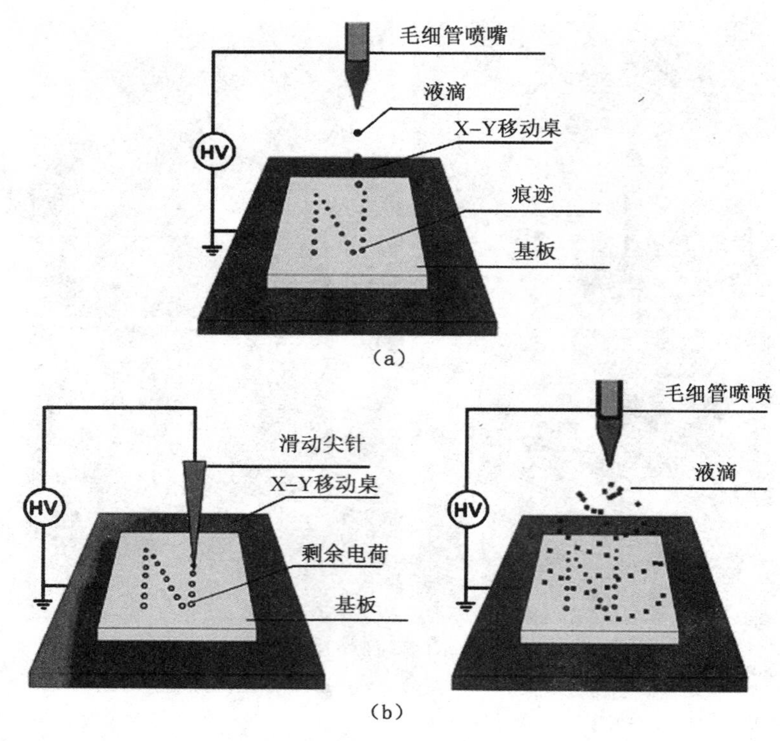

图 5-38　电场喷射产生的液滴按需沉积

(a) 在基板上直接按需沉积；(b) 借助在基板上预先转移的电荷产生的附加电场实现按需沉积，或通过静电力实现按需沉积

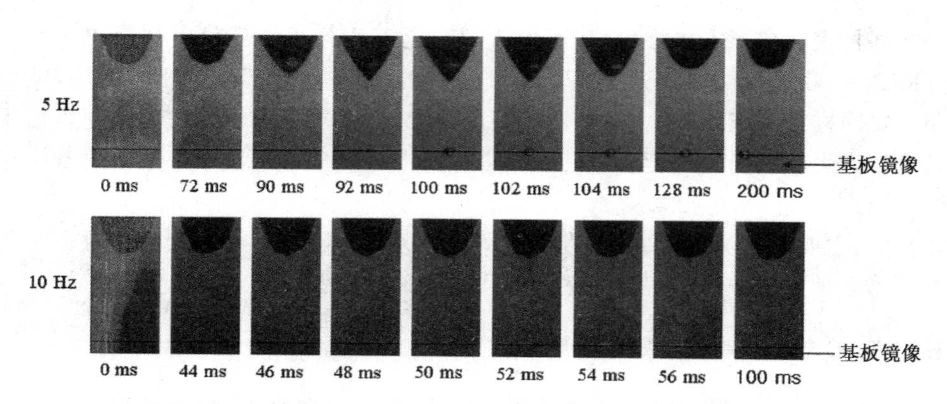

图 5-39　脉冲电压对液面的变化的影响(可以看到瞬间和周期性的 cone-jet 形成)

向前运动以使液滴规则分布(见图 5-40)。显然，直接“添”下印记完全避免了射流破裂产生的多个液滴对沉积精度的影响，尤其是用于线或带状图案的沉积。但是

直接"添"下的印记尺寸较大。

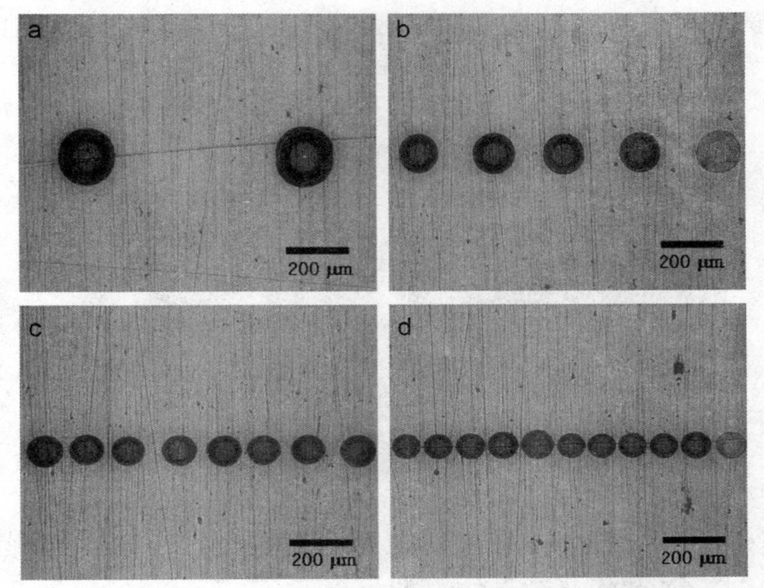

图 5-40　不同频率的脉冲电压对电场喷射产生的液滴尺寸和分布的影响

(a) 2.5；(b) 7.5；(c) 15；(d) 25Hz(可以看到液滴尺寸和分布非常均匀)

显然，第 3 章中叙述的 Li 等提出的脉冲电压对射流影响的理论在此完全适用。

Stark 等人也研究了脉冲电压对射流的影响，并仔细测量了电流随脉冲电压的变化[24]。如图 5-41 所示，由于每个电流峰值对应一次电场喷射，因此即使脉冲时间宽度相同，脉冲幅度增大可能对应完全不同的喷射模式。例如，478 V 的脉冲只产生一个射流，但是 484 V 的脉冲会产生三个射流。也即在背景电压与 484 V 的脉冲作用下，会经历三个背景电压与 478 V 的脉冲所产生的射流。

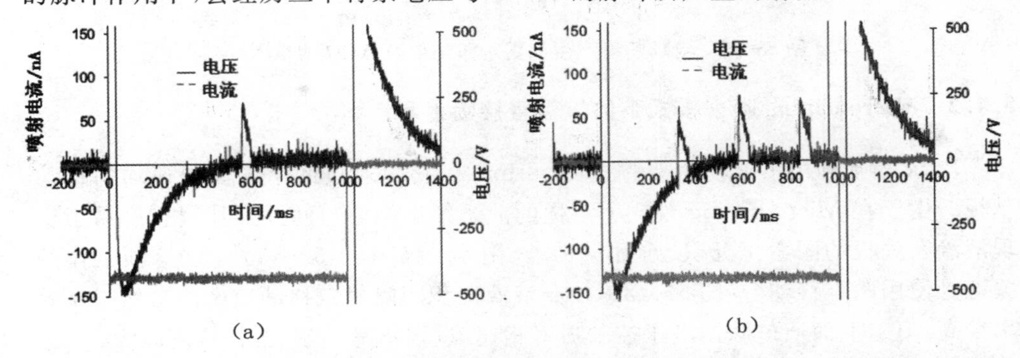

图 5-41　不同电压对产生的喷射数的影响，每个电流峰值对应一次电场喷射

(a) 所加电压为 478 V；(b) 所加电压为 484 V

对于每产生的一个射流，会在基板上沉积得到一个大的液滴和一些更为细小的卫星液滴(见图 5－42)。显然，卫星液滴的产生损害了沉积的精度和清晰度。一个克服这一难题的可能方法是在沉积路径上施加偏转电极。由于相对于主液滴，卫星液滴质量微小，而表面电荷密度大。因此，偏转电极能够有效地偏转卫星液滴，而对主液滴运动影响较小。

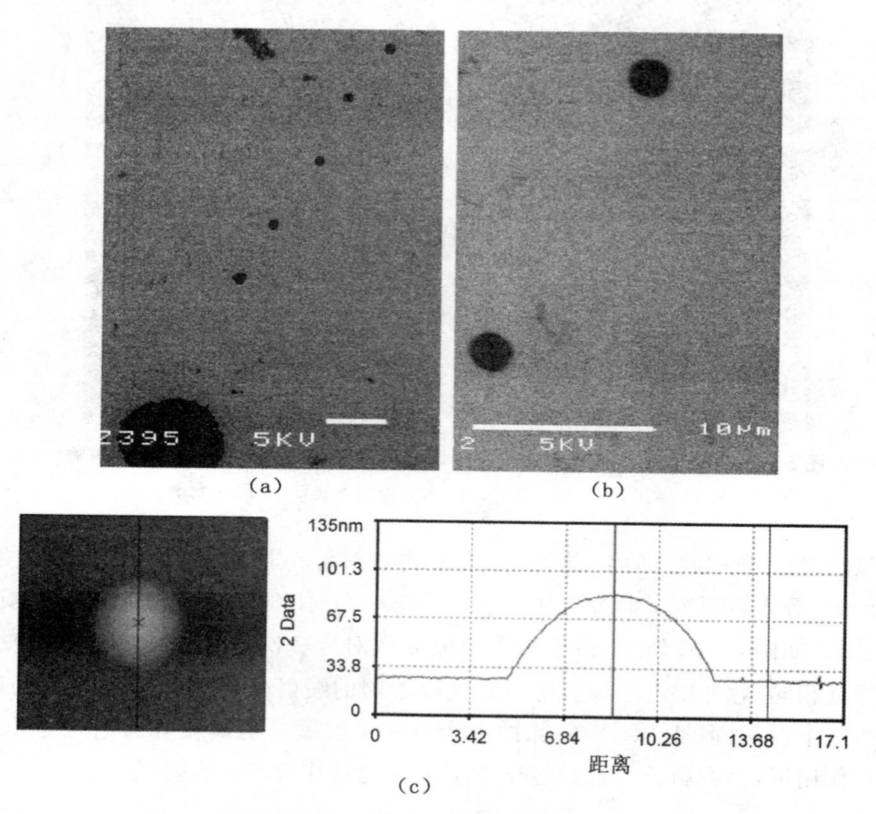

图 5－42 电场喷射产生的墨水印记以及 AFM 图像[24]

5.4.2 Microdriping 喷射模式下的按需直接喷射和沉积

Park 等则利用了电场喷雾的 Microdriping 模式，通过两个方向快速均匀移动基板。由于在 Microdriping 模式下产生的液滴细小均匀，且时间间隔相等，易于实现液滴在底板的图案化沉积(见图 5－42、、图 5－44 和图 5－45)[25]。这项工作的关键是使用两维移动台(图 5－43)，按照液滴沉积间隔确定移动速度。虽然工作效率较高，但与上面通过脉冲电压控制喷射相比，过程不易控制，工作难度较大。

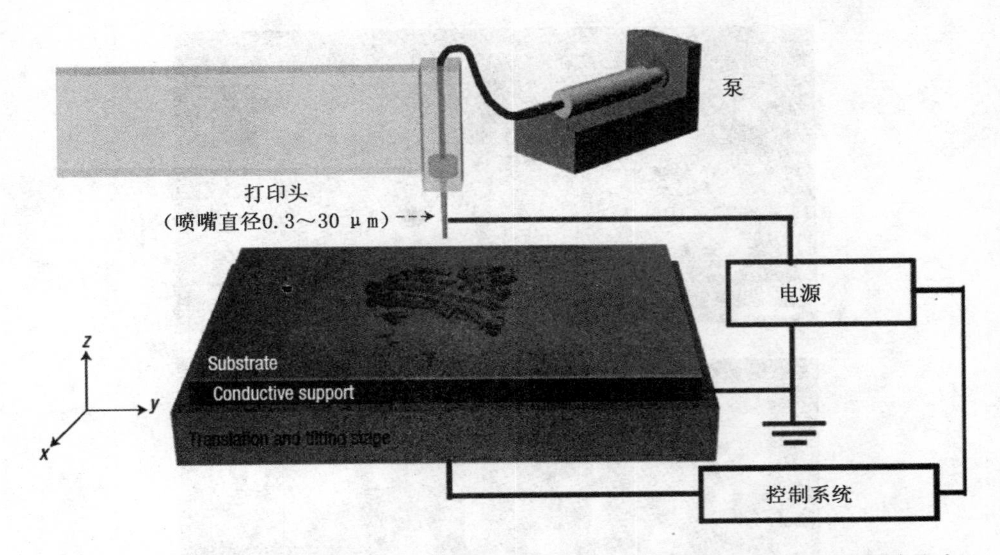

图 5－43　在 Microdriping 模式下工作，并通过两个方向快速均匀移动基板，实现液滴在底板的图案化沉积

图 5－44　液滴在底板的图案化沉积

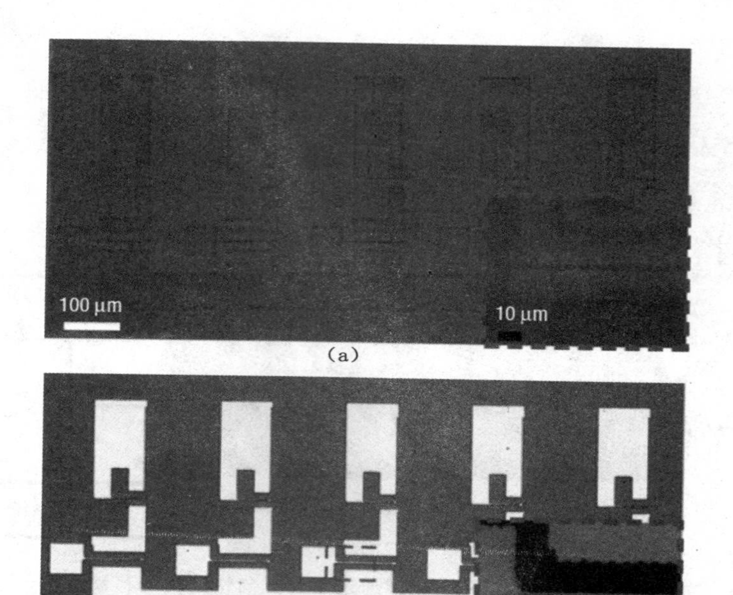

图 5-45　图案化排列的电极结构

(a) 金属层未腐蚀前，电场喷射沉积的表面聚亚安酯抗蚀层；(b) 腐蚀和去掉抗蚀层后，得到的 2 μm 宽的 Au 线

5.4.3　电荷控制的间接按需喷射和沉积

在 SiO_2/Si 基片的表面，通过金属针电离接触带电后(见图 5-46)，带电区形成设计图案分布。电喷雾产生的纳米 Au 或 SiO_2 颗粒(10～30 nm)在溶剂蒸发后，由于带有的电荷被基片表面的异号带电区吸引而沉积，形成设计图案的纳米颗粒分布(见图 5-47 和图 5-48)[26]。

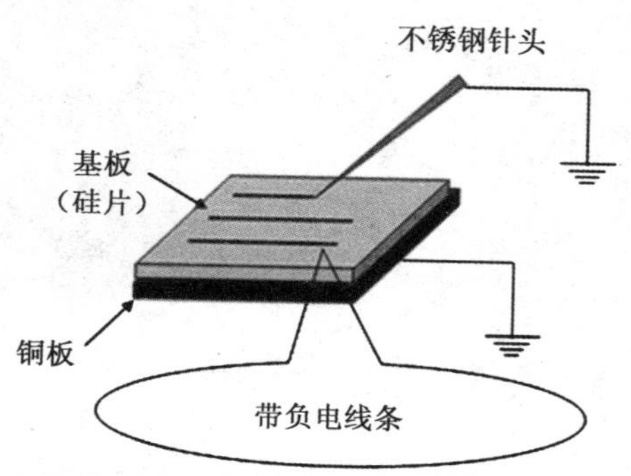

图 5-46　利用金属针尖端放电在基片的绝缘表面形成电荷分布

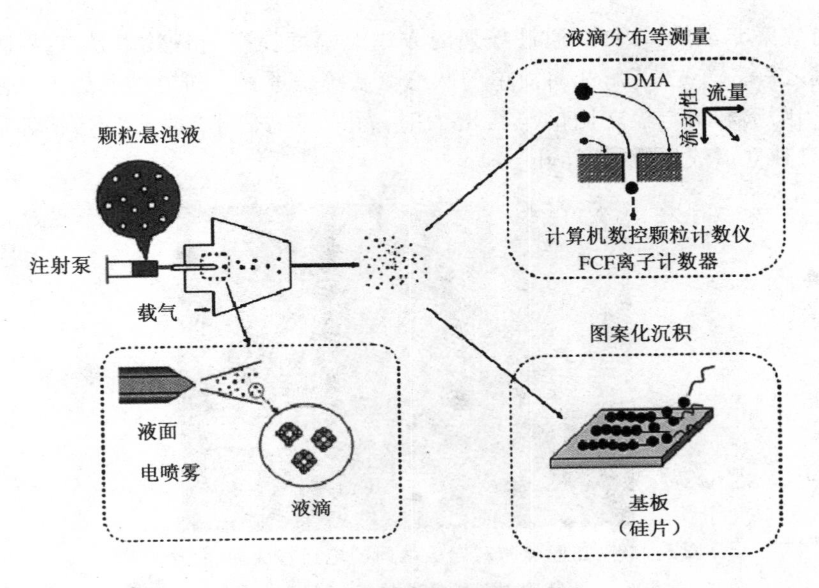

图 5-47　选择沉积的原理示意图

电喷雾产生的纳米 Au 或 SiO_2 颗粒在溶剂蒸发后，由于带有的电荷被基片表面的异号带电区吸引而沉积，形成设计图案的纳米颗粒分布。

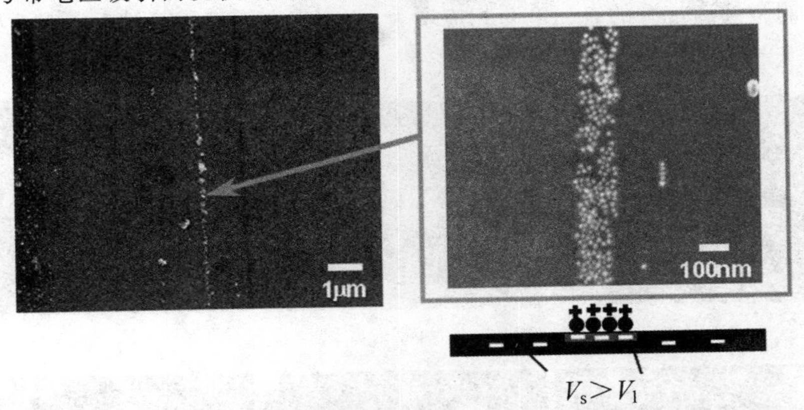

图 5-48　在 SiO_2/Si 基片的表面形成的带状分布的纳米 Au 颗粒的 FESEM 照片

5.5　阵列喷射

5.5.1　阵列喷射控制的直接按需喷射和沉积

由于电场喷射涉及到的液体流速均很小，如每秒只有纳升级，在用于制备实际材料时效率非常低。因此,通过阵列的方式大幅度提高制备效率是该技术实用化的关键之一。首先,了解相对简单的两喷嘴系统是进一步研究的基础。如图 5-49 所示,当喷嘴和对电极之间的电压增大时,每个喷嘴似乎“觉察”不到“邻居”的存在,各自独立形成标准的 Taylor cone[27]。

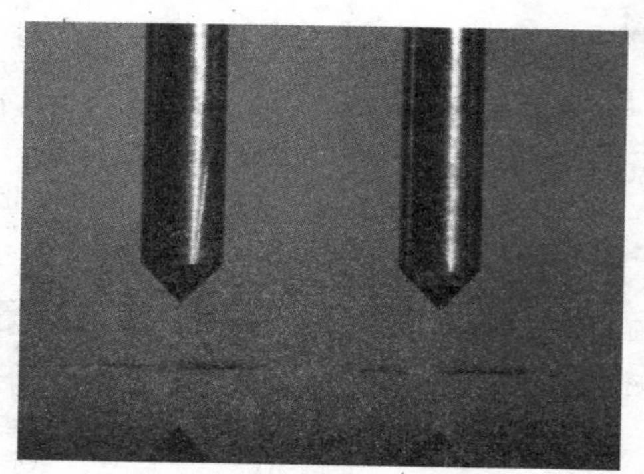

图 5-49　当喷嘴和对电极之间的电压增大时,每个喷嘴各自独立形成标准的 Taylor cone

当喷嘴和对电极之间的电压逐渐增大时,每个喷嘴喷射出的微小液滴由共同沉积发展到各自独立形成,并互相排斥(见图 5-50)。可以预料,当电压增大时,由于产生的微液滴带有的表面电荷相应增大,两束带电雾滴相互排斥力随之增大,导致如图 5-51 所示的沉积图样。

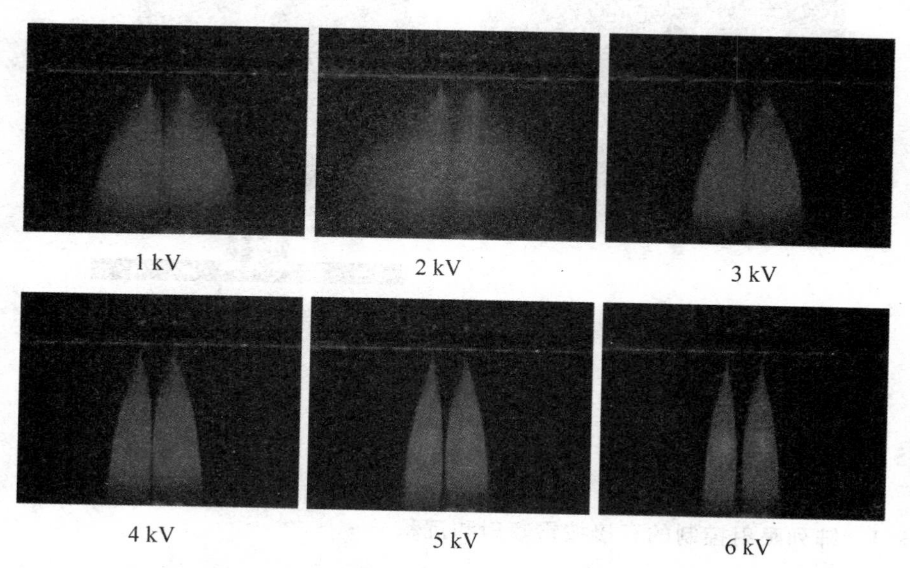

图 5-50　喷嘴和对电极之间的电压对喷射产生的带电雾滴分布的影响

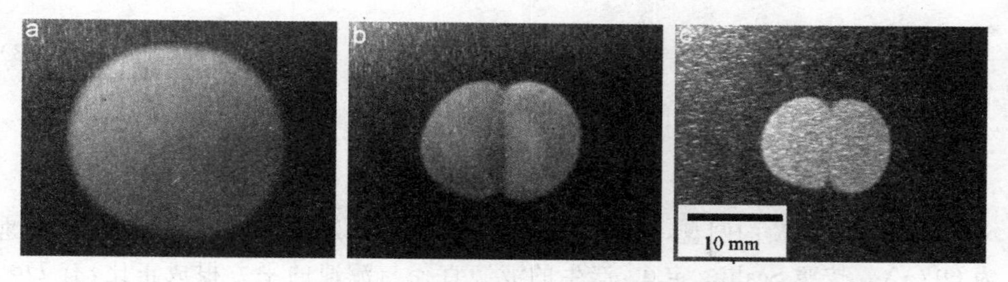

图 5-51 喷嘴和对电极之间的电压对沉积图案的影响(自左向右电压逐渐增大)

5.5.2 动力学决定的阵列电场喷射

为了大幅度提高沉积效率,一个直接而有效的方法是组成大量喷射阵列,通过喷管的密集排列是其中的办法之一。另一个重要方法是通过运动中的动力学效应形成喷射阵列。如图 5-52 所示,液体由空心中轴连续供给直径为 X 的旋转圆盘,在圆盘边缘形成薄的水膜并最终雾化脱离圆盘。为提高效率,在圆盘施加高电压,从而使圆盘边缘的水膜发生电场喷射而雾化[28]。显然,形成的射流排列成为密集的阵列,射流之间的间隔可以视为沿圆盘边缘的驻波波长,由圆盘的转速、液体流速 Q 及其性质、电场强度等决定。当转速较慢,电场喷射主导雾化过程时,强度增长最快的驻波的增长率为

$$\omega^2+\frac{\gamma k^4 h}{d}-\frac{\varepsilon_0 E^2 k^3 h}{d}=0 \tag{5-12}$$

其中,h 为液膜厚度。

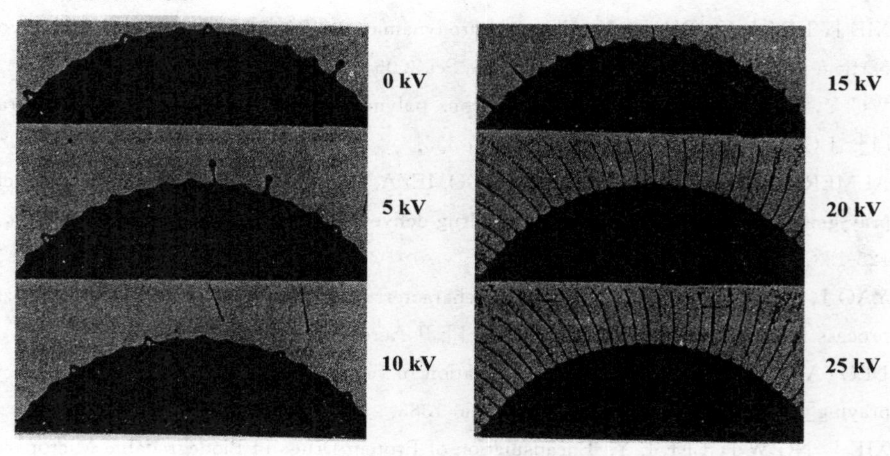

图 5-52 电场对射流产生的影响

当$\frac{\mathrm{d}\omega}{\mathrm{d}k}$时,增长最快的波数 k 为

$$k=\frac{3\varepsilon_0 E^2}{4\gamma} \tag{5-13}$$

对应的波长，即射流之间的间隔为

$$\lambda=\frac{8\pi\gamma}{3\varepsilon_0 E^2} \tag{5-14}$$

对于直径为 X 的圆盘，此时应有的射流数为 $\lambda/\pi XD\infty Q^{1/2}$，每个射流的流速为 $Q\lambda/\pi X$。按照 Scaling 定律，产生的液滴直径与流速的平方根成正比，有 $D\infty Q^{1/2}\lambda^{1/2}$，也即

$$D\infty\frac{1}{E} \tag{5-15}$$

考虑到电场一般正比于所加电压 V，所以

$$D\infty\frac{1}{V} \tag{5-16}$$

由上式可见，最终产生的液滴取决于所加电压的大小。图 5－51 揭示了电场对射流的产生和液滴分布的影响。

参考文献

[1] JAWOREK A，SOBCZYK A T. Electrospraying route to nan- otechnology：An overview [J]. J Electrostatics，2008，66:197-219.

[2] ILHELM O，MADLER L，PRATSINIS S E. Electrospray evaporation and deposition[J]. J Aerosol Sci 2003，34:815-836.

[3] XIE J，LIM L K，PHUA Y. Electrohydrodynamic atomization for biodegradable polymeric particle production[J]. J Colloid Interface Sci 2006，302:103.

[4] WU Y，R. CLARK R. Controllable porous polymer particles generated by electrospraying [J]. J Colloid Interface Sci 2007，310;529-535.

[5] ALMERIA B，DENG D，FAHMY T，GOMEZA. Controlling the morphology of electrospray-generated PLGA microparticles for drug delivery[J]. J Colloid Interface Sci，2010，343:125-133.

[6] YAO J，LIM L K，XIE J. Electrostatic characterization of electrohydrodynamic atomization process for polymeric particle fabrication[J]. J Aerosol Sci 2008，39:987-1002.

[7] DEOTARE P B，KAMEOKA J. Fabrication of Silica Nanocomposite-cups using Electrospraying[J]. Nanotechnology 2006，17:1380-1383.

[8] XIE J，NG W J，LEE L Y. Encapsulation of Protein Drugs in Biodegradable Microparticles by Co-Axial Electrospray[J]. J Colloid Interface Sci 2008，317:469-476.

[9] NAKASOA K，HANB B，AHANC K H，ChOIB M. Synthesis of non-agglomeratednanoparticles by an electrosprayassistedchemicalvapordeposition (ES-CVD) method [J]. J Aerosol

Sci 2003,34:869.

[10] LENGGORO I, OKUYAMA K, MORAT J F. Preparation of ZnS Nanoparticles by Electrospray Pyrolysis[J]. J Aerosol Sci 2003,31:121-136.

[11] LOHMANN M, BEYER H, SCHMIDT-OTT H. Size and charge distribution of liquid metal electrospray generated particles[J]. J Aerosol Sci 1997,28:S349-S442.

[12] OH K, KIM S. Synthesis of ceria nanoparticles by flame electrospray pyrolysis[J]. J Aerosol Sci 2007,38:1185-1196.

[13] 李建林. 张攀，易熙. 无团聚纳米氧化物粉体的制备方法及装置：中国，200810032974.2[P]. 2008-07-16.

[14] BRANDENBERGER H, NUSSLI D, PIECH V. Monodisperse particle production: A method to prevent drop coalescence using electrostatic forces[J]. J Electrostatics 1999,45:227-238.

[15] SATO M, TAKAHASHI H, AWAZU M. Production of ultra-uniformly-sized silica particles by applying ac superimposed on dc voltage [J]. J Electrostatics 1999,46:171-176.

[16] L. B. MODESTO-LOPEZ L B, P. BISWAS P. Role of the effective electrical conductivity of nanosuspensions in the generation of TiO2 agglomerates with electrospray[J]. J Aerosol Sci 2010,41:790-804.

[17] P. MIAO P, BALACHANDRAN W, XIAO P. ZrO2 and SiC ceramic thin films prepared by electrostatic at-omization[J]. J Mater Sci 2001,36:2925-2930.

[18] BENITEZ R, SOLER J, DAZA L. Novel method for preparation of PEMFC electrodes by the electrospray technique[J]. J Power Sour 2005,151:108-113.

[19] JAYASINGHE S N, EDIRISINGH M. Novel Forming of Single and Multiple Ceramic Micro-channels[J]. Appl. Phys. A, 2005,80:701.

[20] RIETVELD I B, KOBAYASHI K, YAMADA H. Morphology control of poly(vinylidene fluoride) thin film made with electrospray [J]. J Colloid Interface Sci, 2006,298:639-651.

[21] LINTANF A, NEAGU R, DIURADO E. Nanocrystalline Pt thin films prepared by electrostatic spray deposition for automotive exhaust gas treatment[J]. Solid State Ionics, 2007,177:3491-3499.

[22] MATEI C, SCHOONMAN J C, LUMBRERAS M. Electrostatic spray deposited zinc oxide films for gas sensor applications [J]. Appl Surf Sci 2007,253:7483-7489.

[23] KIM J, OH H, KIM S S. Electrohydrodynamic drop-on-demand patterning in ... at various frequencies[J]. J Aerosol Sci, 2008,39:819-825.

[24] M. D. PAINE M D, ALEXANDER M S, K. L. SMITH K L. Controlled electrospray pulsation for deposition of femtoliter fluid droplets onto surfaces [J]. J Aerosol Sci, 2007,38:315-324.

[25] PARK J, HARDY M, KANG S. High-resolution electrohydrodynamic jet printing[J]. Nat Mater, 2007,6:782-789.

[26] LENGGORO I W, LEE H M, OKUYAMA K. Nanoparticle assembly on patterned "plus/minus" surfaces from electrospray of colloidal dispersion[J]. J Colloid Interface Sci, 2006, 303:124-130.
[27] OH H, KIM K, KIM S. Characterization of deposition patterns produced by twin-nozzle electrospray [J]. J Aerosol Sci, 2008, 39:801-813.
[28] BAILEY A G. Electrostatic spraying of liquids[M]. London: Research Studies Press LTD, 1988.

第 6 章　电纺在材料制备中的应用

电场喷射的另一个应用是用来制备电纺纳米纤维(electrospun nanofibers)。通过对液体的物理性能和工艺参数进行调节,能够使液体喷射形成射流之后但在雾化之前就凝固或被收集形成纳米纤维,也被称为电纺(Electrospinning)技术。这项工艺已具有很长的历史,100 多年前就有相关研究,1902 年美国授予了第一项与电纺技术有关的专利。但是,电纺研究主要是受到纳米研究热潮的推动,近 10 年来成为材料制备研究的重点和热点之一。

电纺技术与其他制备纳米纤维的技术具有较大的区别:这项技术将电流体动力学与各种化学和物理方法结合起来,在电场力的作用下能连续地制备出直径在纳米级至亚微米级的聚合物纤维,包括无机纤维的前驱体纤维。这些电纺纤维的直径均匀可控;比表面积大,表面光滑;产品易于收集等。图 6-1 是电纺制备纳米纤维材料的装置和过程的示意图。

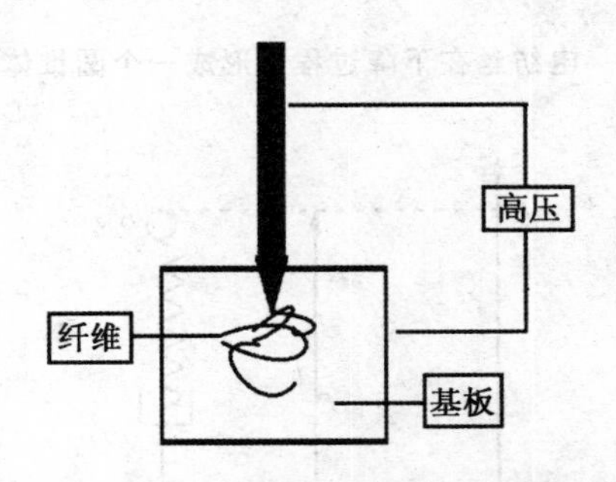

图 6-1　电纺制备纳米纤维材料的装置和过程的示意图

如上所示,电纺本质上依然是电场喷射,但是不同于电场喷雾。Shenoy 等发展了一个半经验模型以预测聚合物溶液的电场喷雾向电纺转化[1]的趋势。该模型的核心是缠绕系数 n_e,即

$$n_e = \frac{M_w}{M_e} \tag{6-1}$$

M_w 和 M_e 分别为溶液中的实际摩尔浓度和形成大分子缠绕所需的摩尔浓度。

从经验出发,可以将 n_e 划分为三个区域:$n_e < 2$,$2 < n_e < 3.5$ 和 $n_e \geq 3.5$,分别对应电喷雾,产生带有丝带液滴的电喷雾和电纺三个工作模式。

6.1 电纺的理论基础简介

Reneker 等人通过实验，发现电纺丝在下降过程中快速摆动，形成一个大致的圆锥体空间（见图 6-2）。通过采用黏弹体模拟（见图 6-3），Reneker 等初步揭示了电纺丝的摆动机理[2]。

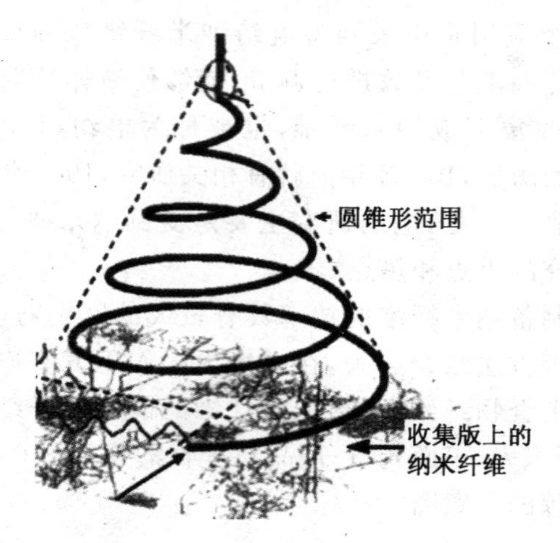

图 6-2 电纺丝在下降过程中形成一个圆锥体空间

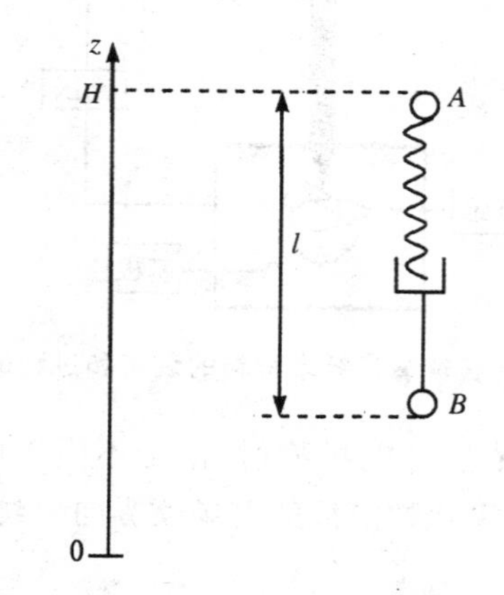

图 6-3 电纺丝受力下的黏弹体模拟

如图 6-3 所示，体积 B 受到的回复应力 f 包括弹性回复力和黏性力，故有

$$\frac{\mathrm{d}f}{\mathrm{d}t}=\frac{G}{l}\frac{\mathrm{d}l}{\mathrm{d}t}-\frac{G}{\mu}f \tag{6-2}$$

式中，H，l 分别为体积 A 的高度和振子长度；G 和 μ 分别为弹性模量和黏度系数。

考虑到电场力和体积 A 对其的排斥力，B 的动量方程为

$$m\frac{\mathrm{d}v}{\mathrm{d}t}=-\frac{e^2}{l^2}-\frac{eV_0}{H}+\pi a^2 f \tag{6-3}$$

其中，与速度有关的 $\frac{\mathrm{d}l}{\mathrm{d}t}=-v$。

显然，该模型没有考虑射流表面张力、周围气体等对其的影响。在此基础上，Reneker 等探讨了射流对扰动的反应。如图 6-4 所示，体积 B 由于扰动偏离原来位置 δ。在只考虑静电力时，对于小的扰动 $r\approx l_1$，有

$$m\frac{\mathrm{d}^2\delta}{\mathrm{d}t^2}=\frac{2e^2}{l_1^3}\delta \tag{6-4}$$

$$\delta=\delta_0\exp[(2\mathrm{e}^2/\mathrm{ml}_1^3)^{1/2}\mathrm{t}] \tag{6-5}$$

也即小的扰动会在电场作用下逐步放大。由于此过程伴随系统静电能的下降，因此能够持续发展。但是，由式(6-2)可知，体积 B 受到 A 和 C 对其的回复力作用，以及射流表面张力对其的约束，扰动的增大将远小于式(6-5)的预测。

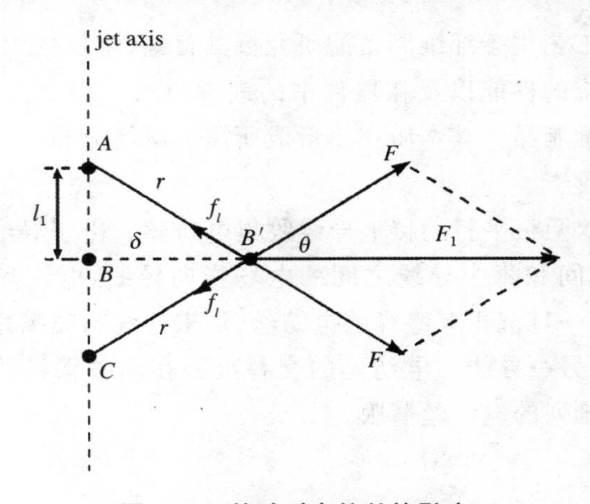

图 6-4　扰动对电纺丝的影响

虽然这个模型较为粗糙，但指出了由于电场力的作用和扰动的存在，射流将弯转拉长，因而直径快速减小，符合观察到的实验现象。

Doshi 等采用激光衍射的方法，测量了 4 wt% PEO 水溶液射流的直径与离开 Taylor cone 顶点距离的关系(见图 6-5)[3]。正如理论预测的，射流直径在射流形成后的很短距离内快速减小，射流表面积相应增大，促使溶剂加快蒸发，在很短的距离内，射流转变为电纺丝，其尺寸基本不再发生大的变化。

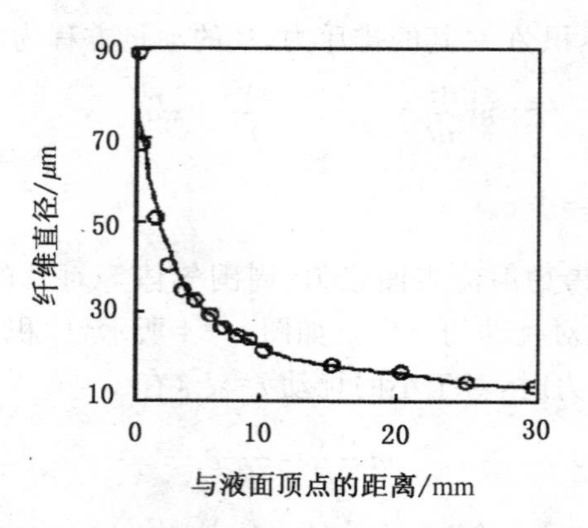

图 6-5 电纺丝直径随飞行距离的变化

6.2 代表性的实验装置

由于目前电纺工艺用于纤维制备的研究极其普遍，主要集中在两个方面：制备并检验所制得的纤维的性能以及在器件中的表现；设计多种实验装置以制备定向排列或图案化的纤维制品。其本质在于形成所需的电场分布。本节只介绍几个具有代表性的实验装置[4]。

如图 6-6 所示，两根平行的接地导线收集电纺丝。由于导线之间均匀对称的电场分布，在喷嘴之间和每个导线之间的电场指向导线，电纺丝沿电力线飞向导线。显然，导线表面一旦沉积有绝缘的电纺丝，那末导线与喷嘴之间的电场将被削弱，电纺丝随即飞向另一导线。电纺丝的交替沉积在两根平行的接地导线间形成垂直于导线的平行排列的电纺丝薄膜。

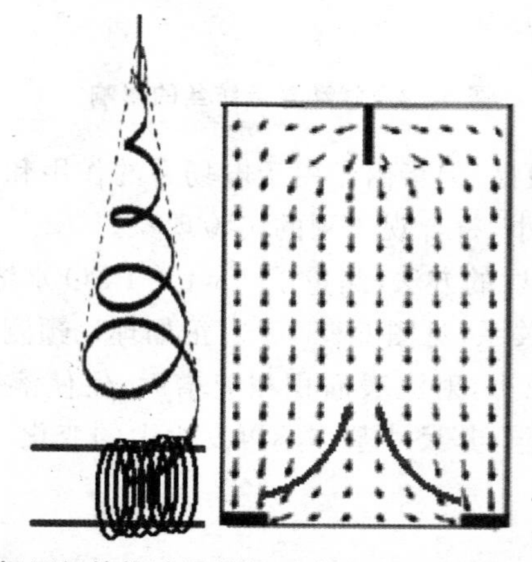

图 6-6 电纺丝在两根平行的接地导线间形成垂直于导线的平行排列的电纺丝薄膜

另外一个设计建立在上述工作的基础上。四个接地电极两两相对放置，结果沉积得到图 6-7 中所示的纤维排列分布，其原理与图 6-6 基本一样。

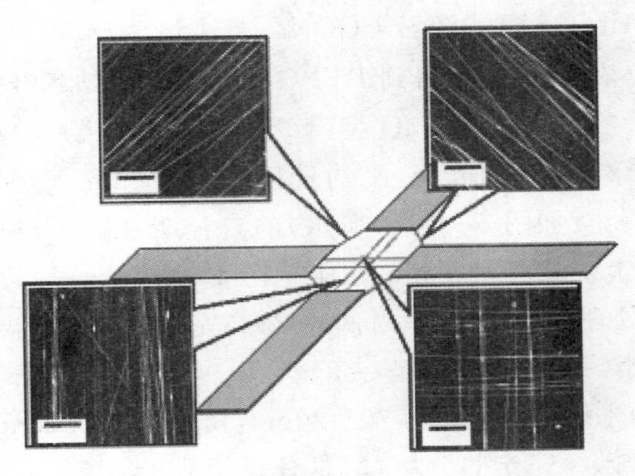

图 6-7　电纺丝在两两相对的收集极间形成平行排列的电纺丝

与上述直接沉积在电极上的不同，电纺丝能够在尖端对电极之间的基板上随尖端电极移动轨迹而沉积(见图 6-8)。由于尖端电极的集中电场，在基板上侧感应出与电纺丝相反的电荷。这些电荷吸引电纺丝沿电荷分布沉积。即这是一种可以按需沉积的装置设计。

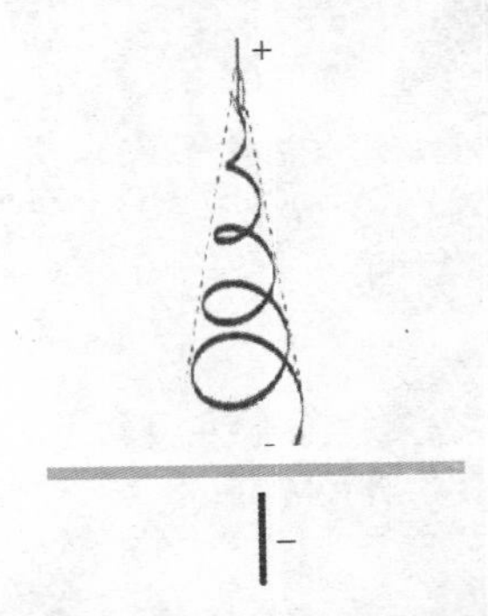

图 6-8　电纺丝在尖端对电极之间的基板上随尖端电极移动轨迹沉积

6.3　无机纤维的制备

一般来说，电纺制备的高分子材料制品无需进一步加工处理，可以直接使用。但是使用电纺工艺制备无机纤维时，需要通过后续热处理脱去有机成分。由于无机材料的前驱体众多，电纺制备的无机纤维也种类繁多，有关研究报道非常丰富。这里简单描述几种 Li 等人分别采用陶瓷粉体悬浊液和有机前驱体制备的无机纤维材料。

6.3.1 $NaTaO_3$纳米纤维

以 $TaCl_5$ 和 $C_6H_8O_7 \cdot H_2O$,$CH_3COONa \cdot 3H_2O$ 为原料,以乙醇和水为溶剂,加入 PVP 调节溶胶浓度后,电纺得到 PVP/$NaTaO_3$复合纳米纤维[5]。图 6-9 是 PVP 浓度为 6.0wt%的 PVP/$NaTaO_3$复合纤维的 TEM 照片。从图中可以看出,PVP/$NaTaO_3$复合纤维的表面光滑,平均直径约为 200nm。经 450℃热处理后获得的 $NaTaO_3$纳米纤维(如图 6-9(b)所示)的直径明显减小,约为 120～150nm。其表面在一定程度上仍然相对平滑,但因为 PVP 的热降解导致纤维直径收缩变小。由于此时的热处理温度(450℃)尚低于 PVP 完全热分解的温度(500℃),所以纤维表面仍相对平滑。图 6-9(c)是在 550℃下热处理后的 $NaTaO_3$纳米纤维的 TEM 照片。图中纳米纤维的直径为 70～90nm,长度超过 0.1mm。因为此时复合纤维中的 PVP 成分已经完全热分解,所以直径相对于图 6-9(a)中的 PVP/$NaTaO_3$复合纤维急剧减小,表面亦变得十分粗糙。当热处理温度继续提高到 650℃后,得到的纳米产品表面更为粗糙,如图 6-9(d)所示。此时,纤维开始断裂成碎片,长度约为 1 μm,制品形态类似于粒子的堆积。

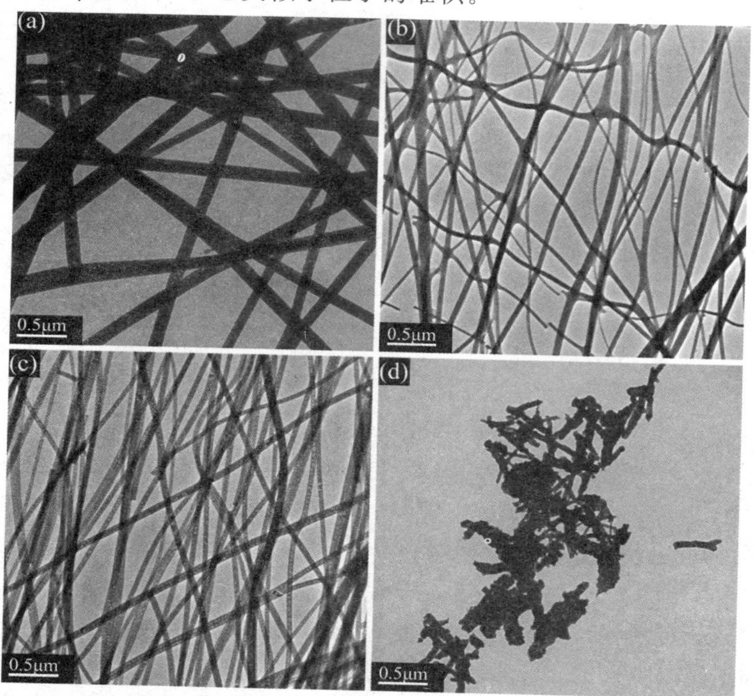

图 6-9 $NaTaO_3$复合纤维的 TEM 照片

(a) PVP/$NaTaO_3$复合纤维;(b)、(c)、(d) 分别是在 450°C、550°C、650°热处理的 $NaTaO_3$纳米纤维

经 450℃、550℃和 650℃的温度下热处理后的 $NaTaO_3$ 纳米纤维的 X-射线衍射谱分别如图 6-10 中的曲线(a),(b)和(c)所示。(a)曲线的衍射峰低平,接近非晶材料的衍射图案。这表明,在 450℃的退火温度下,$NaTaO_3$ 纳米纤维尚未很好地结晶,此时,PVP 没有完全热降解。(b)和(c)曲线的衍射峰非常尖锐,表明 $NaTaO_3$ 纳米纤维在 550℃和 650℃下有良好的结晶。比较 JCPDS 卡中 $NaTaO_3$ 粉末衍射标准数值可知,无论是 550℃ 还是 650℃温度下热处理,$NaTaO_3$ 纳米纤维都为单斜相(JCPDS 74-2479,P2/m,a=3.899 5Å,b=3.896 5Å 和 c=3.899 5Å)。通过测量(b)曲线中(001)峰的半峰宽,并通过谢乐方程可以估算(b)曲线中的纳米粒子尺寸约为 19.2nm。然而,观察图 6-9(c)可知,此时纳米纤维的直径约为 70~90nm,这表明,我们制备的 $NaTaO_3$ 纳米纤维由众多的微小晶粒组成。

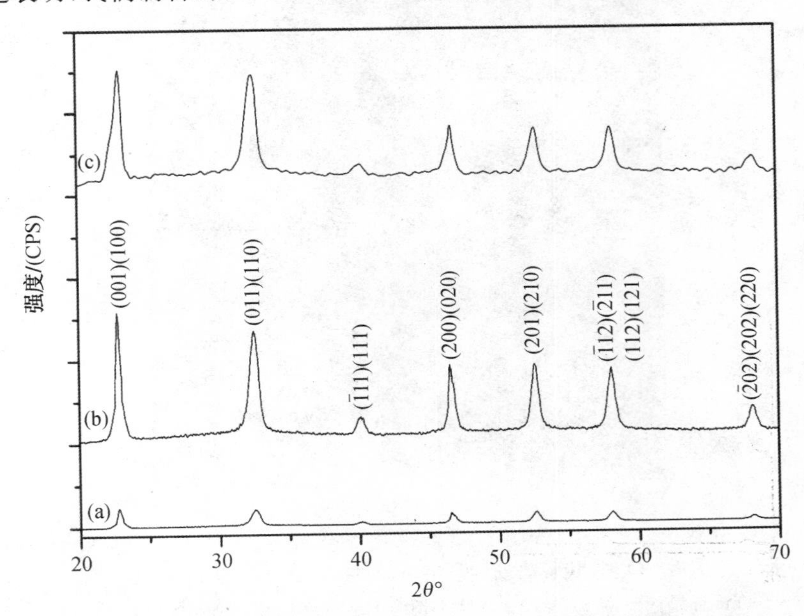

图 6-10 经 450°C、550°C、650°C 热处理的 $NaTaO_3$ 纳米纤维的 XRD 图

对 550℃热处理后的 $NaTaO_3$ 纳米纤维的详细分析表明(见图 6-11),纤维直径均为 80nm 左右,长度大于 0.1 μm。图 6-11(b)是数根纳米纤维的局部特写,从中可以清楚地看到这些纳米纤维是由大量的微小粒子紧密堆砌构成的。在图 6-11(c)所示的 $NaTaO_3$ 纳米纤维的 TEM 图片中,对其中的一个微区做 HRTEM 和 SEAD 分析。HRTEM 图片中反映的晶面间距为 0.39nm,对应单斜相 $NaTaO_3$ 的(001)晶面指数所对应的面间距。SEAD 花样由大量亮点组成,证明制备的 $NaTaO_3$ 纳米纤维由大量结晶良好的细微晶粒组成。

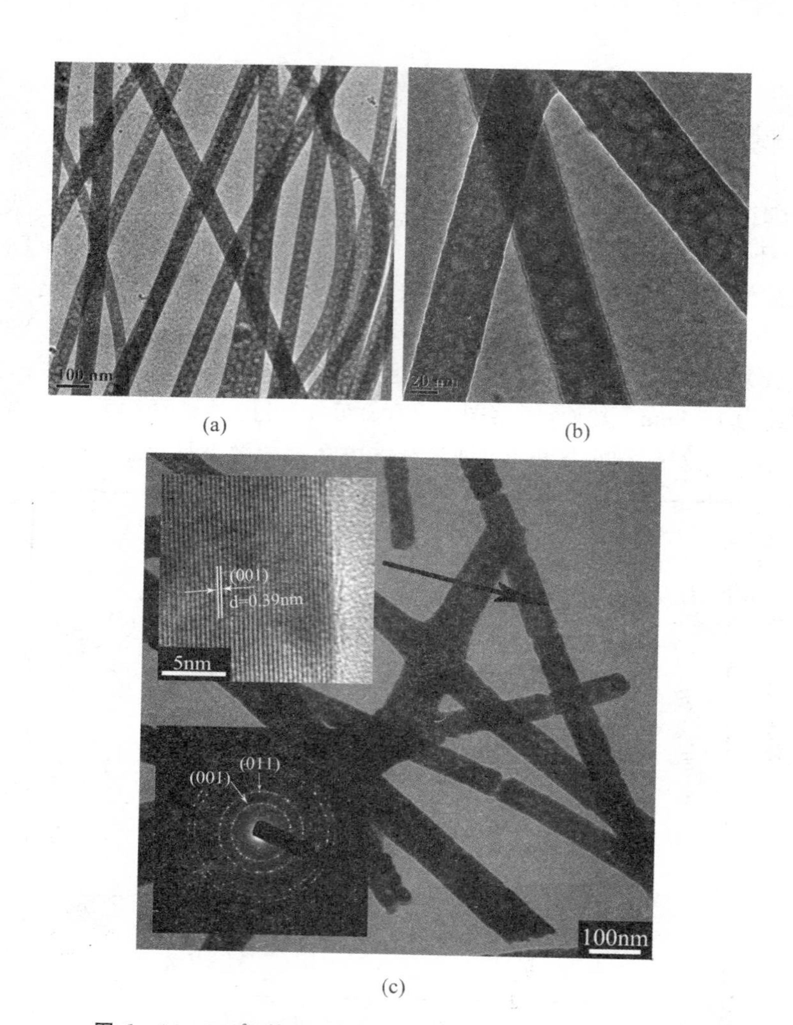

图 6－11　550℃热处理后的 $NaTaO_3$ 纳米纤维的 TEM 图

(a) 100nm 标尺；(b) 20nm 标尺；(c) 上插图为 HRTEM 图片，下插图为 SAED 图片

对制备的 $NaTaO_3$ 纳米纤维做紫外–可见吸收光谱测试表明，光谱的起始吸收波长约为 315nm。经波长一能量转化公式 $E(\mathrm{eV}) = 1240/\lambda$（$\lambda$ 为吸收限波长）计算后得到 $NaTaO_3$ 纳米纤维的禁带宽度为 3.94eV，表现出光吸收边界的红移——由纳米颗粒的 302nm 变为纳米纤维的 315nm。这一有趣的红移现象表明，所制备的 $NaTaO_3$ 纳米纤维具有较高的光吸收活性，将可能成为良好的光催化剂。

通过在紫外光照射下催化剂降解亚甲基蓝(MB)的时间效率来评价催化剂的催化效果发现，$NaTaO_3$ 纳米纤维具有光催化活性（见图 6－12）。$NaTaO_3$ 纳米纤维的光催化活性高于 $NaTaO_3$ 纳米粒子。

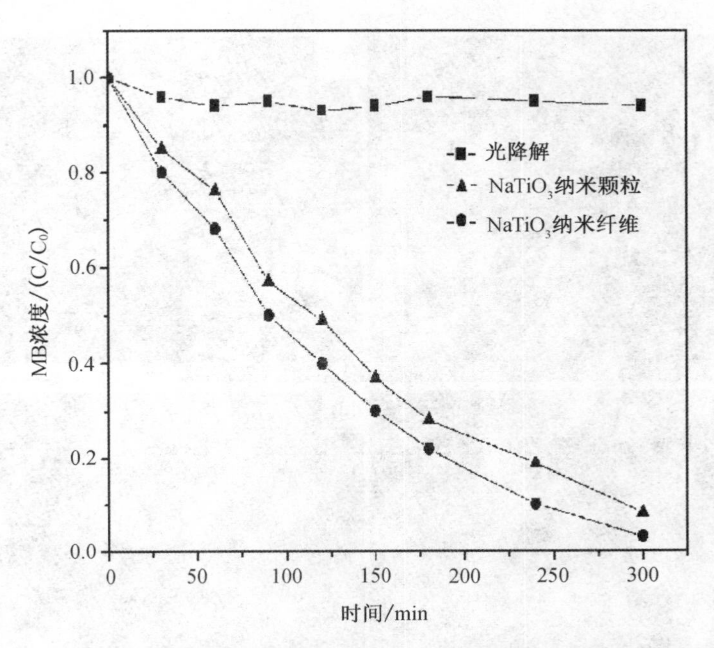

图 6-12　$NaTaO_3$纳米纤维和$NaTaO_3$纳米粒子紫外光催化降解亚甲基蓝

采用类似方法，作者还制备了掺杂 Ni 的$NaTaO_3$纳米纤维(见图 6-13)。图 6-13(a)为静电纺丝后获得的$NiO/NaTaO_3/PVP$尚未热处理的复合纤维丝。经过 550℃的焙烧获得无机物的纳米纤维，如图 6-13(b)所示。因为 PVP 热降解被去除，纤维的直径明显减小。进一步提高 TEM 的放大倍数，可以明显地看到所观测到的纤维由众多的颜色存在明暗差异的粒子堆砌构成(见图 6-14)。其中，较亮的粒子为$NaTaO_3$颗粒，稍暗的粒子为 NiO 颗粒。

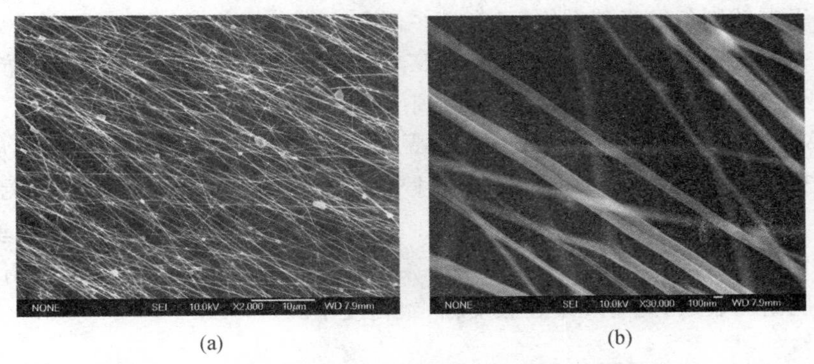

图 6-13　掺杂 Ni 的$NaTaO_3$纳米纤维的 SEM 照片

(a) 标尺 10μm；(b) 标尺 100nm

图 6-14　复合纤维丝的 TEM 图片

(a) 静电纺丝获得的 $NiO/NaTaO_3/PVP$ 复合纤维丝；

(b)、(c)、(d) 掺杂 Ni 的 $NaTaO_3$ 纳米纤维

6.3.2　管状碳纳米结构的制备

关于电纺制备纳米碳纤维，已有较多研究。作者等参考已有的研究成果，考察了参杂 Ni 对纳米碳纤维结构的影响。实验中采用 PAN 作为前驱体，电纺得到的 PAN 纤维经过稳定化和高温处理后得到碳化纤维[6]。

PAN 纤维经 1 000℃碳化处理后样品的 SEM 照片如图 6-15 所示。从图 6-15(a)中可见，纤维直径不是很均匀，尺寸分布较宽，仍然保持黏连杂乱的无纺纤维布形态。部分纤维系两根纤维黏合而成，多尺寸的纤维也与喷射过程的波动有关。图 6-15(b)中是放大了的数根纤维局部，纤维的直径 200～500nm 不等，箭头处可观察到脆断的裂痕，此时纤维还较疏松，致密度不高。

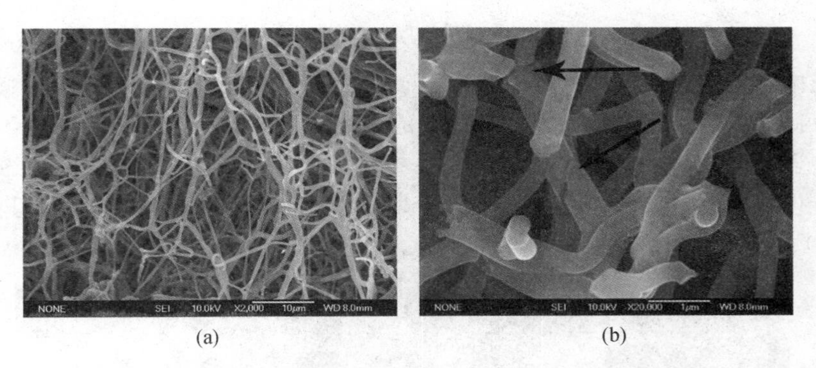

图 6－15　PAN 纤维经 1 000℃ 碳化后得到的碳纤维的 SEM 图

(a) 整体图；(b) 局部图

图 6－16 是经 1 400℃碳化的 PAN 纤维的 SEM 图。其中，图 6－16(a)显示了杂乱无章的纤维毡的显微形态。与前面结果相比，提高碳化温度会伴随致密化的提高，在 1400℃碳化的 PAN 纤维直径显著减小。样品所对应的 XRD 图谱中，在 $2\theta \approx 25.5°$ 处出现强烈的衍射峰，对应为石墨层的(002)晶面的衍射峰。由此可知，在该碳化条件下样品的石墨化程度已经较高，采用此工艺参数，通过电纺 PAN 能成功制备得到碳纤维。

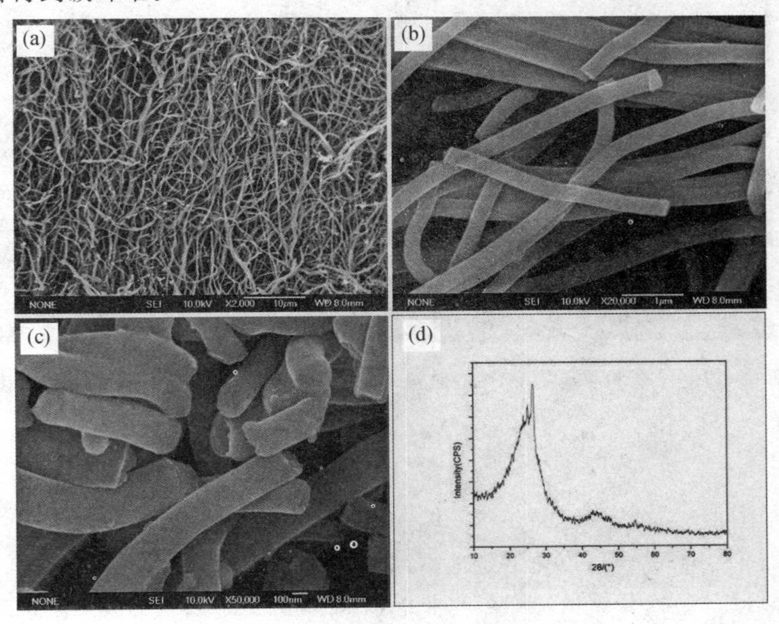

图 6－16　经 1400℃ 碳化的 PAN 纤维的 SEM 图

(a)～(c)PAN 纤维经 1400℃碳化后得到的碳纤维的 SEM 图；(d)为对应的 XRD 图谱

图 6－17 为掺杂 5Co 的 PAN 纤维经 1 000℃碳化后得到的碳纤维的 TEM 图。

图中可见纤维依然保持很大的长径比，没有出现大量的碎裂迹象。图 6－17(b)中可以清晰地看到，在制得的碳纤维的表面以及内部存在与碳纤维基体不一样颜色的含 Co 成分的细小纤维。在图 6－17(c)中可以清楚地辨别出，在约 300nm 长的碳化纤维中，包裹有细小的纤维，这些细小纤维的 SAED 测试表明，其衍射符合 CoO 的衍射花样。

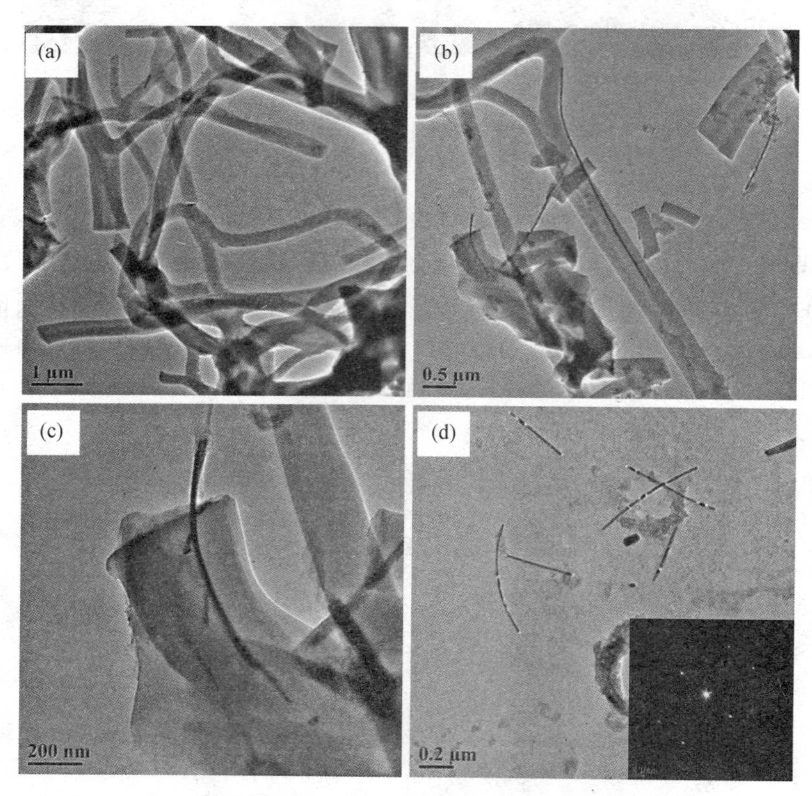

图 6－17　掺杂 5％Co 的 PAN 纤维经 1 000℃ 碳化后得到的碳纤维的 TEM 图

图 6－18 是掺杂 10％Co 的 PAN 纤维在真空中经 1 000℃碳化后的 TEM 图片。

在图中同样看到了连续的碳纤维，上面同样附着与碳纤维基体不一样的 CoO。通过图 6－18(b)和(c)可以更清楚地看到，其中的 CoO 相形貌不同于掺杂量为 5％时的细小纤维状，而开始出现细小的堆积颗粒。在图 6－18(d)中，细小的 CoO 颗粒随机地散布在碳纤维的表面，其上也存在细小的纤维。另外，还有没有附着颗粒或者纤维的具有光滑表面的碳纤维。

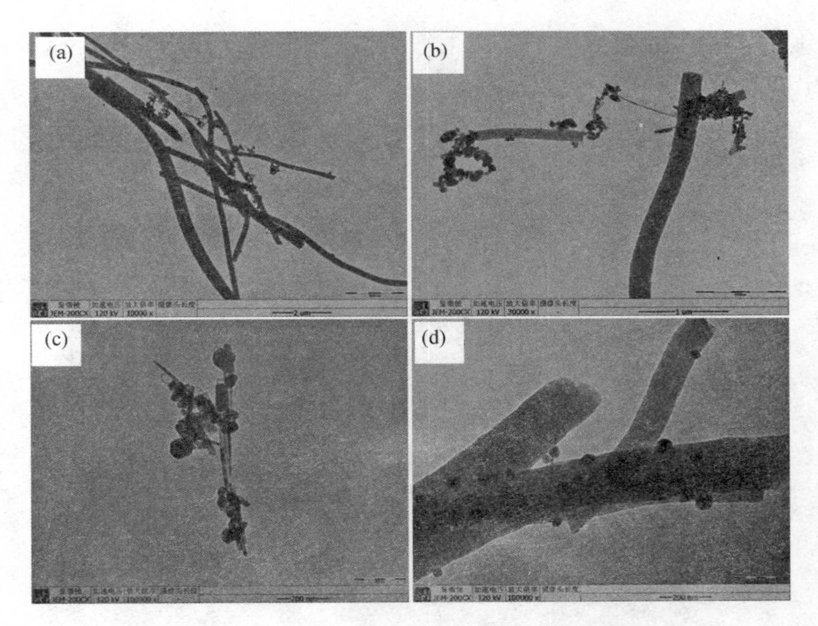

图 6-18　掺杂 10%Co 的 PAN 纤维经 1 000℃ 碳化后得到的碳纤维的 TEM 图

掺杂 Co 量为 20%的 PAN 纤维在真空中经过 1 000℃碳化后的 TEM 照片如图 6-19 所示。在图 6-19(a)中，碳纤维随机分散，即保持了静电纺丝的无纺特性，直径为 0.5 μm 左右，长度有数十微米。如图 6-18(b)所示，有大量的细小颗粒以及极少的细小纤维附着于碳纤维的表面，从中可见，颗粒的直径在 100nm 左右。

综上所述，在 1000℃温度下碳化可获得大长径比的碳纤维，而且随着掺杂量的提高，掺杂成分在碳纤维表面由细小纤维的分布形态向均一散布的粒子转变。经过检测，这些细小纤维或颗粒都由 CoO 组分组成，其来源于纤维制备之始加入的四水合乙酸钴。因为 PAN 纤维在碳化过程中会释放出还原性的小分子如 H_2、HCN 等，它们在高温下还原了 Co 的氧化物，但同时由于温度尚未达到 Co 转化为 Co 金属的还原温度，所以还原反应未能完成。鉴于 CoO 不具有金属 Co 一样的催化作用，我们继续尝试提高碳化温度还原得到 Co 金属，试图加快获得碳纳米管。

图 6-20 是经 1 400℃碳化的掺杂量为 5%的 PAN 纤维的 TEM 照片。从图 6-20(a)中可见，此前的纤维开始有所断截，较长的约为 5～6 μm。图 6-20(b)是若干根碳化后的纤维的高放大倍数的 TEM 图片。其中可以明显地看到具有内含空腔的碳纳米管，也有不含空腔的实心碳纤维。进一步考察图 6-20(c)中的单根碳纳米管的 TEM 图，发现有明显的纳米管形态的碳微结构生成，管体内部还残留有液滴状的物质，管的内壁留有节状的流动滑痕。图 6-20(d)展示了纤维断口处的大颗粒黑色物质，因为在它们的尾部已经有管的雏形开始出现，据此推测，正是

因为它们在高温下流动形成了碳纳米管的。对这些颗粒做 SAED 测试，见图 6－20(d)中插图的图谱，根据图谱的花样可以初步判定为金属 Co。

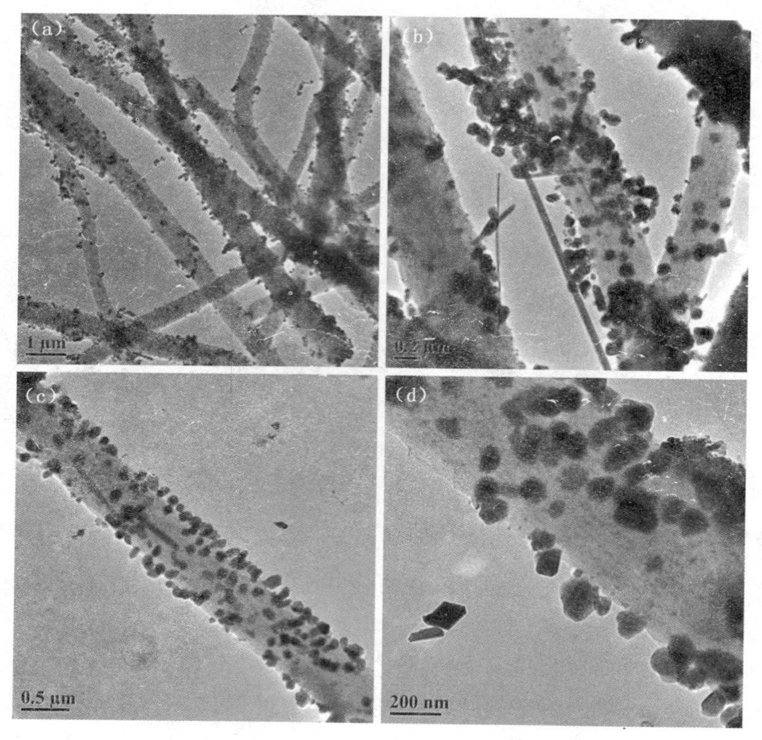

图 6－19　掺杂 20%Co 的 PAN 纤维经 1 000℃ 碳化后得到的碳纤维的 TEM 图

图 6－21 的几张 TEM 图片展示了经 1 400℃碳化的掺杂 Co 为 10%的 PAN 纤维的形貌。从图 6－21(a)中可以看到掺杂 Co 为 10%的 PAN 纤维经过 1 400℃ 的碳化后，出现了众多的纳米管结构。从图 6－21(b)可见，这些纳米管的外径约为 200nm，与原有碳纤维的外径相差无几，内径约为 70nm。图 6－21(c)显示了在碳纳米管端口处金属 Co 颗粒的形态，图中最大 Co 颗粒的直径大约为 70nm，其附近还有许多细小的 Co 颗粒，小颗粒左边方向的碳化纤维中可以看到一些极细小的微管。根据观察到的这些细节我们可以"颗粒流动"原理来解释纳米管腔形成的过程：在形成碳纳米管的过程中，首先形成了可流动的细小的 Co 颗粒，它们在流动时会在纤维中留下空心的细管；当众多细小颗粒像滚雪球一样在流动中富集成大颗粒时，大颗粒的直径决定了所形成的碳纳米管的内径，最终形成了碳纳米管。图 6－21(d)是形成的单根碳纳米管，其明显存在着竹节状的流动滑痕，印证了我们的"颗粒流动"的原理推测。从热力学上讲，这是一个非平衡过程，碳原子融入到金属

Ni中,然后再析出,并伴随着系统能量的降低。

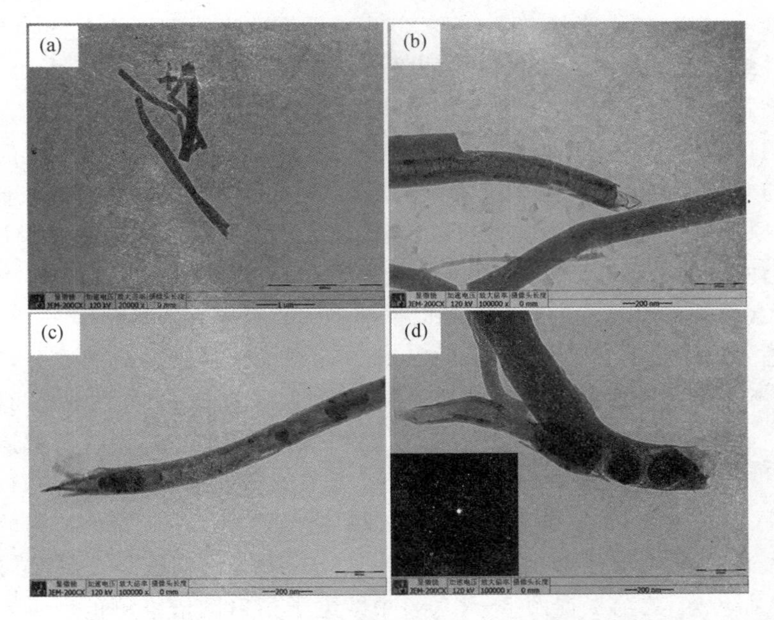

图6-20 掺杂Co为5%的PAN纤维经1 400℃碳化后得到的碳管的TEM图

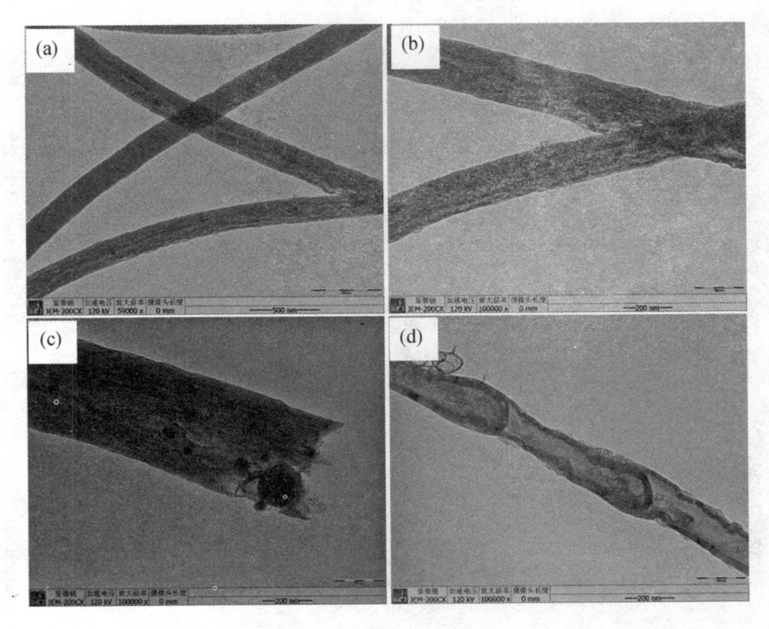

图6-21 掺杂Co为10%的PAN纤维经1400℃碳化后得到的碳管的TEM图

如图 6-22 所示是经 1400℃碳化的掺杂 Co 为 20%的 PAN 纤维的 TEM 照片。图 6-22(a)显示,当掺杂量达 20%时,碳纤维的表面布满均一分散的颗粒,没有细小纤维出现。从图 6-22(b)中能更清晰地观察到由于掺杂量过大,纤维中有些部分被颗粒完全包裹,取代了碳基体,碳的成分少到难以形成管状物,只能在整个纤维的边缘看到一些细小的笋尖状空心管。图 6-22(c)箭头处展示了一颗有流动痕迹的 Co 颗粒,它被一层碳膜紧紧包裹,附近有已形成的雏形管。我们根据“颗粒流动”原理可知:由于碳的成分有限,其流动的后方即将被撕裂开,并不能形成真正意义上的碳纳米管。另外,该颗粒直径达 100nm 以上,比图 6-22(c)中的 Co 颗粒直径大,可见,掺杂 Co 的浓度较高时能够形成直径更大的颗粒。

为进一步确认 1 400℃碳化后的 PAN/Co 纤维中掺杂物质的成分,我们选择了掺杂 Co 浓度较高(20%)的纤维碳化制品进行 XRD 测试,如图 6-22(d)所示。从该图中可以看出,在 $2\theta=25.5°$处出现强烈的较宽的衍射峰,对应石墨层(002)晶面的衍射峰。这与图 6-22(d)的结果一致,即在该碳化条件下样品的石墨化程度已经较高。另外,在 2θ 分别为 44°、51.5°、76°处出现了三个尖锐的衍射峰,通过对比并查找 JCPDS 卡片可知,与(PDF# 01-1255)匹配,它们正是金属 Co 的特征衍射峰。从而可知,之前根据图 6-20(d)中的电子衍射图谱推测的所见颗粒为 Co 金属的结论正确,在 1 400℃的碳化温度下所掺杂的含 Co 成分已经被彻底还原成金属钴,具有了催化性,催化生成了碳纳米管。

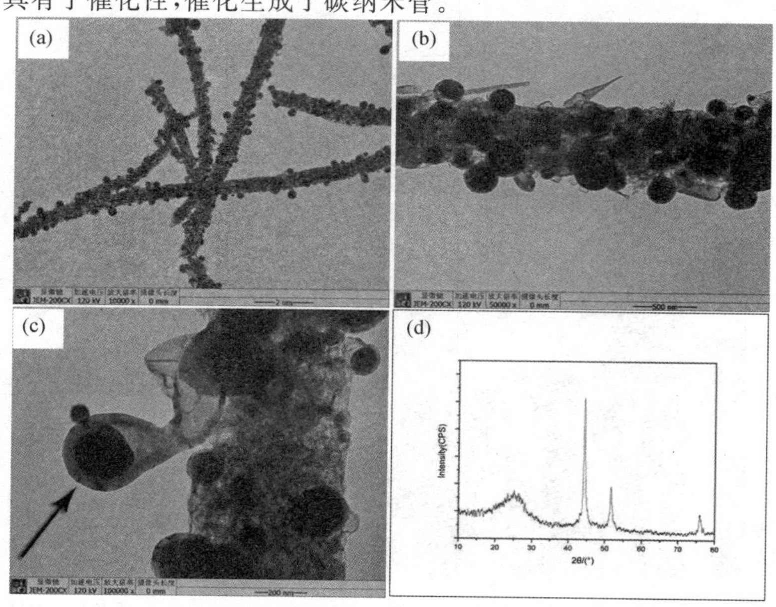

图 6-22　掺杂 20%Co 的 PAN 纤维经 1400℃ 碳化后得到的碳管的 TEM 图以及相应的 XRD 图谱

6.3.3 单晶空心纳米管的制备

在采用共轴喷射制备空心纳米纤维过程中，去除内芯并进行热处理后，得到空心陶瓷纤维。但采用该工艺时遇到目前共同的困难，即对内外喷射液体的物化性能要求苛刻，制备得到的空心纳米纤维为多晶结构。纤维由微小的纳米晶组成，无法得到更重要的单晶纳米管。

Li 等另辟蹊径，第一次制备得到超长单晶复合氧化物 $InVO_4$ 纳米管。在此工作中，以硝酸铟和钒盐为原料，丙酮为溶剂，通过控制水解温度，制备得到复合氧化物 $InVO_4$ 溶胶。通过添加 PVP 作为塑形剂，同时提高液体的动力学黏度，得到用于电纺的前驱体溶液(见图 6-23)。电纺得到的纤维在不同温度下热处理可得到长单晶复合氧化物 $InVO_4$ 纳米管[7]。

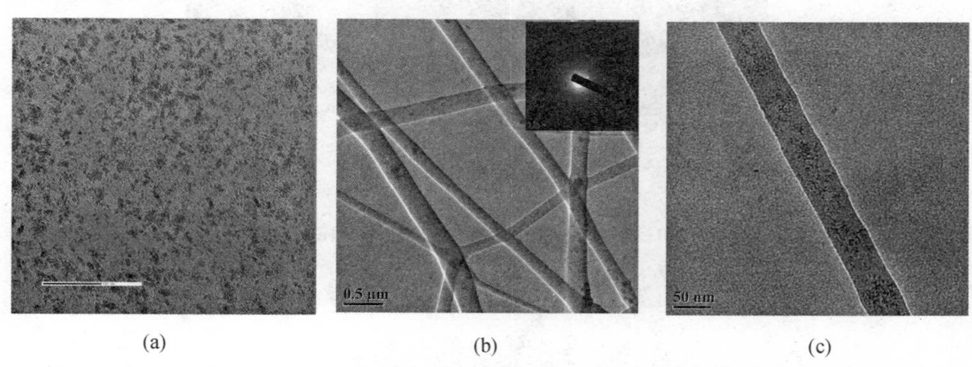

图 6-23 加入 PVP 后的干燥溶胶(a)和电纺纤维(b)(c)的 TEM 像

开始制备得到的电纺纤维是无定型材料，溶剂挥发后，纤维由 PVP 和 $InVO_4$ 纳米微粒组成，但由于还未热处理，$InVO_4$ 微粒结晶尚不完全。

当纤维加热到 600℃进行热处理，除去残余溶剂和有机物后，纤维已完全转变为单晶复合氧化物 $InVO_4$ 纳米管，如图 6-24 所示。SAED 分析表明，此时结晶良好，为 $InVO_4$ 相。

对得到的单晶复合氧化物 $InVO_4$ 纳米管进行 HRTEM 分析，证实了我们的观察，如图 6-25 所示。清晰的晶面排列和中空特点使氧化物 $InVO_4$ 纳米管非常类似于 CNT。由于 $InVO_4$ 是在可见光范围内响应的半导体材料，可以推测该材料将具有广泛的用途。同时，从图中可以看到纳米管内部排列整齐而外部较混乱，意味着其生长是从外部开始的，内部的 $InVO_4$ 纳米颗粒依附于外壳而逐步向内生长。对纳米管端部的 HRTEM 观察，也显示出这一特点(见图 6-26)。

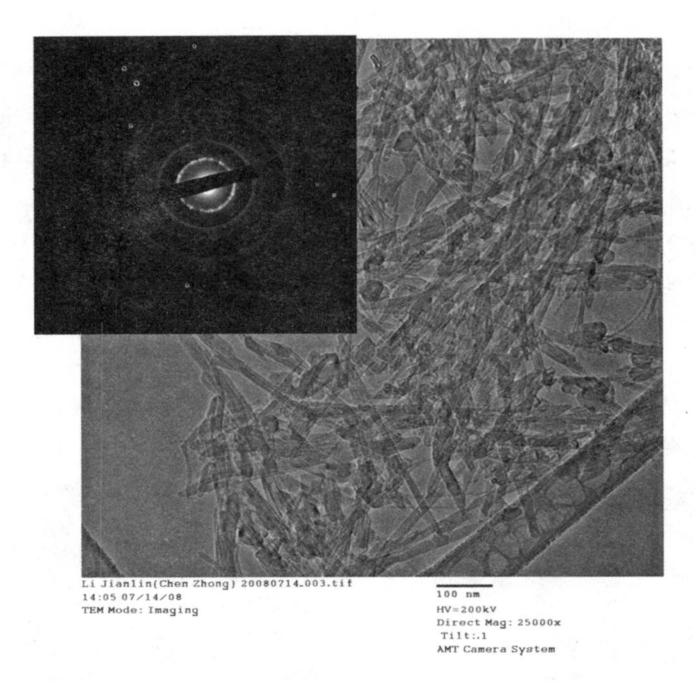

图 6-24　600℃热处理后的单晶复合氧化物 $InVO_4$ 纳米管

为了解这种奇妙的结构演变过程，我们在不同温度对前躯体纤维进行了热处理。

由于 PVP 在 160℃发生交联反应，我们研究了电纺制备的纤维在 200℃热处理后的显微结构，结果未发现形态改变，因此交联反应不是导致纳米管生成的动力。

由于溶胶由纳米级颗粒、PVP 和溶剂构成，即溶剂挥发后的初生电纺纤维含有 PVP 和纳米颗粒，故经 600℃的热处理后，PVP 热解消失，留下疏松的由纳米颗粒组成的纤维结构。由于在最外层的纳米颗粒烧结相对容易，阻力较小，结果是最外层的 $InVO_4$ 纳米颗粒烧结成为一个硬壳，在随后的热处理过程中，内部附近的纳米颗粒依附于硬壳的内侧发生烧结，以降低系统的能量。显然，烧结伴随总体积的减小，导致中部发生空化的现象。即纳米颗粒组成的纤维结构生长转化成单晶空心纳米管。由于在多晶纤维向单晶空心纳米管转化的过程中，以最先形成的外壳为模板，Li 等称之为“自模板生长”(见图 6-27)。

上述研究第一次实现了通过热处理电纺纤维，制备得到超长单晶复合氧化物纳米管，并发现一种新的生长机理，这对材料制备技术和晶体化学研究具有重要意义。

图 6－25　600℃热处理后的单晶复合氧化物 $InVO_4$ 纳米管的 HRTEM 像

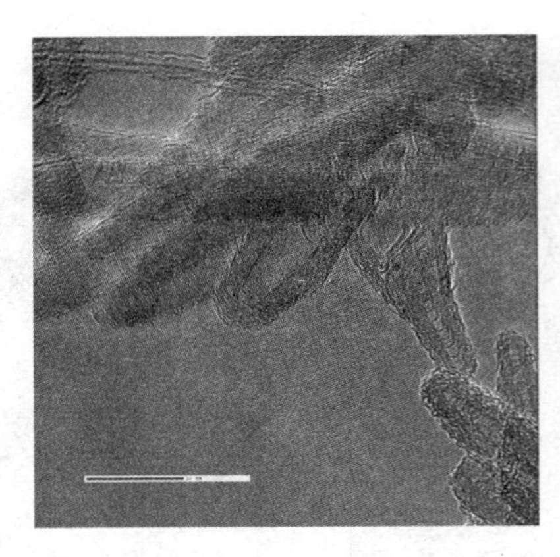

图 6－26　600℃热处理后单晶复合氧化物 $InVO_4$ 纳米管的 HRTEM 像

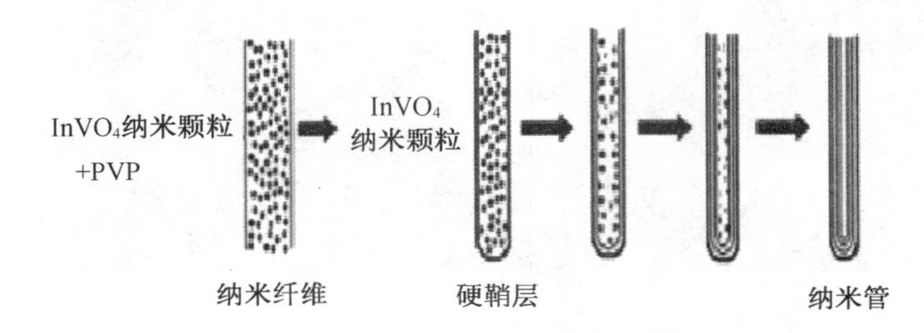

图 6－27　单晶复合氧化物 $InVO_4$ 纳米管的可能生长机制示意图

6.4　复杂形状纤维体的沉积制备

虽然各种形状的固体收集板被用来制备纤维特定分布的制品，但是由于其与基板的黏附作用，剥离过程往往会损伤纤维结构或纤维分布。用水或其他液体收集纤维时，虽然克服了剥离的困难，但是无法得到纤维特定分布或有特定形状的制品。鉴于此，Li 等提出了采用冰作为收集板，成功解决了上述问题[8]。

此外，冰面还可加工出纹理图案，用于制备具有相应纹理、厚薄有差异的无纺纤维布。图 6－28(a)是利用方格纹理冰面收集得到的 PLLA 无纺纤维布的光学显微照片，右上角是制备该无纺纤维布的刻有方格状纹理的冰面示意图。图 6－28(b)是条纹状纹理冰面上收集制备的 PLLA 无纺纤维布的光学显微图片，右上角是刻有条状纹理的冰面示意图。通过调整冰面上纹理线条的距离，我们可以像"盖图章"一样获得多种所需的纹理无纺纤维布。通过精细实验操作，我们制备的纹理无纺纤维布尺寸控制可精确到 1μm 左右，达到微控成型的目的。

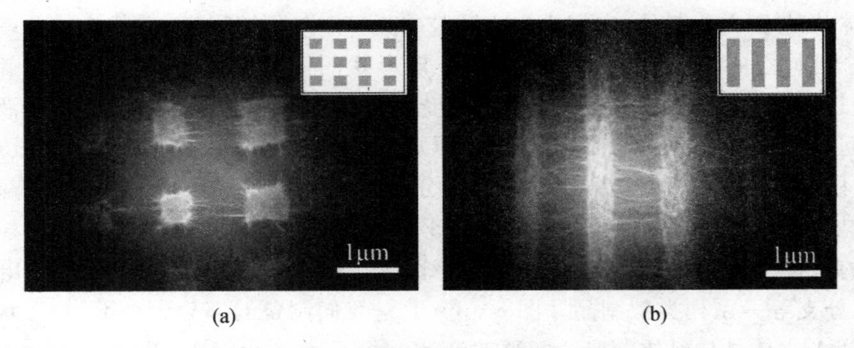

图 6-28　冰面收集制备的纹理无纺纤维布

(a) 方格纹理；(b) 条状纹理

实际应用中，我们可能更加需要立体结构的制品，比如管状、球状、枝丫状的制品等。此时，用冰做纤维收集装置的优势更加明显——可制备各种特殊形状的立体结构制品，而无脱模的困难。如图 6-29 所示，Li 等将制备好的冰体模具置于喷丝口下方，通过左右平移及绕轴旋转收集喷嘴喷出的纤维丝，使纤维布满冰体表面，待冰制模具融化为水流出后，即可获得立体结构的无纺纤维制品。

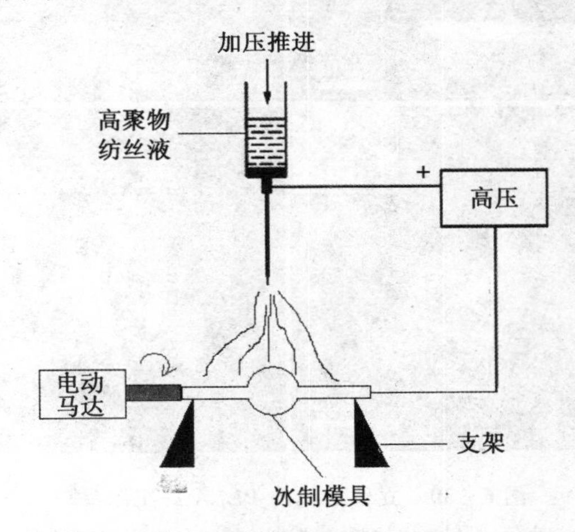

图 6-29　冰模做静电纺丝的接收装置

图 6-30 展示了几种采用上述方法制备的具有特殊形貌的立体结构的 PLLA 制品(见图中右上角的插图为相应的冰制模具示意图)。图 6-30(a)为内空心直管状的 PLLA 制品，直管的长度约为 3～5cm，管内径约 0.2～0.6cm。通过调整右上角插图所示的圆柱状冰制模具的尺寸，可以制备不同内径的管状制品，模拟医用环境下不同管径要求的管状支架，如人造血管、接腱包管等。图 6-30(b)展示的是一

个串球状的 PLLA 制品，中间为空心圆鼓状囊（球半径约 1cm），鼓状囊的两端分别有一个延伸空心管（管内径约 0.3cm）。该形状的制品可模拟药物缓释胶囊。另外，通过调整鼓状囊半径的大小以及延伸空心管的内径及长度，可作为一个液体收集及起搏器件，用于相应的医学领域。原则上可以制备各种尺寸的制品。图 6-30(c)为枝丫管状 PLLA 制品，枝丫的三个分支互成 120°角相连接，每个分支都长约 2cm，内径约 0.5cm 的空心细管，可以用于人体血管分支处的手术替代连接。根据同样的制备思路，我们改变其右上角插图所示的冰制模具形状，还可制备出四分支、五分支等一系列类似制品。图 6-30(d)是我们制备的部分大小不一、形状各异的 PLLA 立体结构纤维制品。只要改变冰制模具的一些细节，就能制备众多可满足不同要求的无纺纤维制品，足可见该方法的便利性和通用性。

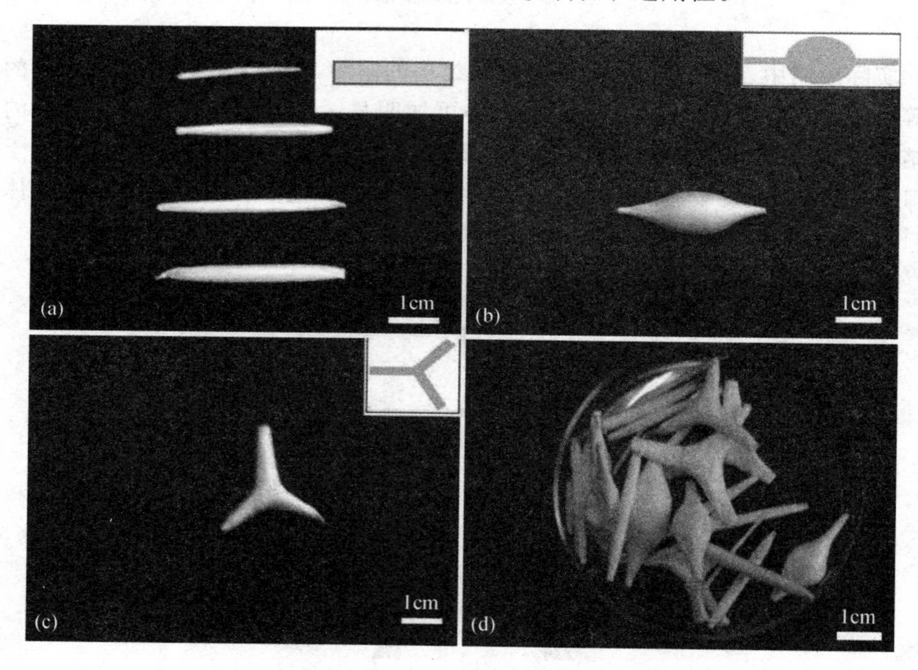

图 6-30　立体结构的 PLLA 纤维制品[9]

(a) 直管状；(b) 串球状；(c) 枝丫状；(d) 形状各异的制品

我们对制备的 PLLA 制品进行了 SEM 表征和力学性能测试。图 6-31(a)是在冰面上收集到的平面无纺纤维布的照片，用肉眼观察，纤维布的表面平整，颜色洁白（未受任何污染），其拉力测试后的撕裂边际（见图 6-31(a)箭头处）可见微细的纤维以无纺态缠结。图 6-31(b)是图 6-31(a)方框局部放大 500 倍的 SEM 图，通过这张图片我们发现，肉眼观察时平整的纤维布其实由众多的纤维无序堆积而成。当放大 2 000 倍时(如图 6-31(c)所示的 SEM 照片),我们可以更清楚地观察收集到的纤维直径分布在 30~200nm 之间,纤维与纤维之间存在介孔,孔径随机分布,具有明显的透气性。当纤维沉积的厚度越厚时,纤维布的透气性将越低。图 6-31(d)是该样品的纤维布在拉力测试后获得的拉伸应力-应变的曲线图谱(其右上角的插图是拉伸过程中拍到的发生形变中的纤维布的 SEM 图)。

将 PLLA 纳米无纺纤维布制成 50×10 的长方形,夹在材料试验机的夹具间,在加载速度为 0.08mm/s 下进行拉伸测试。夹具间材料实际长度为 40mm,材料试验机的起始加载力为 0.5N。由图 6-31(d)可以看出所测试的 PLLA 纳米无纺纤维布拉伸强度约为 2.01MPa,其断裂伸长率为 24%。在拉伸过程中,无序分布的纤维在应力作用下逐渐形成一致的取向,并伴随强度的上升一致性逐步提高。由此可见,由于静电纺丝无纺纤维布是由众多纤维堆积而成的,这样的形态结构特点,使得在拉伸强度并不太高的情况下,无纺纤维布具有较高的断裂伸长率。

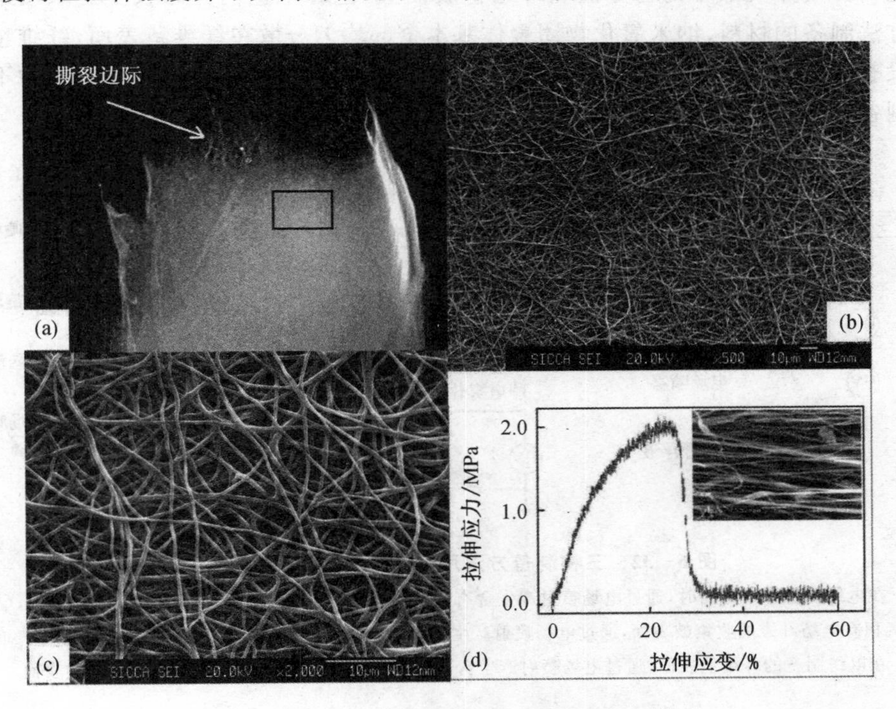

图 6-31 冰面收集到的平面无纺纤维布[9]

(a) 光学照片;(b) 放大 500 倍的 SEM 图;

(c) 放大 2 000 倍的 SEM 图;(d) 拉力测试曲线

6.5 电纺纤维上电喷雾原位沉积纳米颗粒

Jaworek 等为赋予电纺纤维更多的功能，在电纺制备纤维表面时，通过电场喷射产生含有纳米氧化物的微液滴，使液滴附着在纤维表面，形成纳米复合材料[9]。

如图 6-32 所示，有三种制备方法用于纳米颗粒/纤维的制备。第一种是在电纺制备纤维的同时，通过电场喷射产生含有纳米氧化物的微液滴，使液滴附着在纤维表面。第二种是在沉积有电纺纤维的收集鼓表面，通过电场喷射产生含有纳米氧化物的微液滴，使液滴附着在纤维表面。第三种是在电纺制备的纤维毡表面，通过电场喷射产生含有纳米氧化物的微液滴，使液滴附着在纤维表面上。

显微分析表明(见图 6-32)，采用第一种方法制备的材料，纤维表面均匀分散有纳米氧化物团聚体，且纤维毡内外分布均匀。采用第二种方法制备的材料，纳米氧化物团聚体大部分均匀分散在纤维毡表面上，但纤维毡内分布较少。采用第三种方法制备的材料，纳米氧化物团聚体基本全部均匀分散在纤维毡表面，纤维毡内部没有氧化物团聚体分布。显然，对于不同的需求，三种方法各有利弊。三种不同的制备方法，可制得三种类型不同的纳米颗粒/纤维(见图 6-33)。

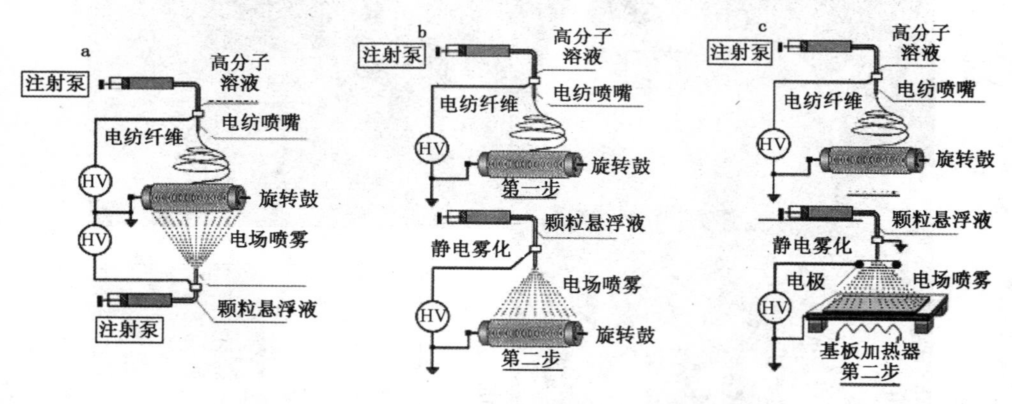

图 6-32 三种制备方法用于纳米颗粒/纤维的制备

(a) 在电纺制备纤维的同时，通过电场喷射产生含有纳米氧化物的微液滴，使液滴附着在纤维表面；(b) 在沉积有电纺纤维的收集鼓表面，通过电场喷射产生含有纳米氧化物的微液滴，使液滴附着在纤维表面；(c) 在电纺制备的纤维毡表面，通过电场喷射产生含有纳米氧化物的微液滴，使液滴附着在纤维表面

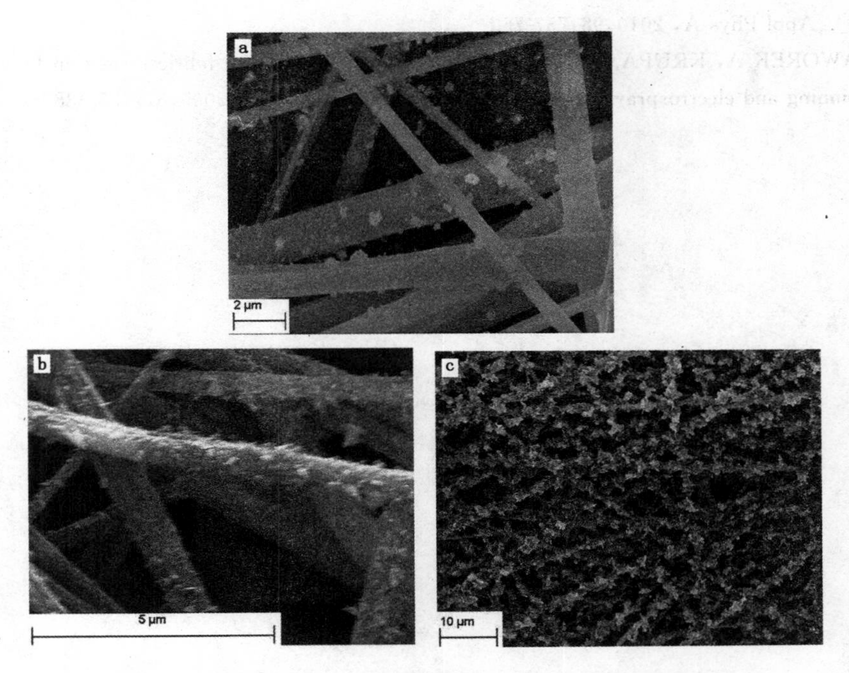

图 6-33　三种不同的制备方法制得的三种类型的纳米颗粒/纤维

参考文献

[1] SHENOY S L, BATES W D, FRISCH H L. Role of chain entanglements on fiber formation during electrospinning of polymer solutions: good solvent, non-specific polymer-polymer interaction limit[J]. Polymer, 2005,46:3372-3384.

[2] RENEKER D H, YARIN A L, FONG H. Bending instability of electrically charged liquid jets of polymer solutions in electrospinning[J]. J Appl Phys, 2000,87:4531.

[3] DOSHI J, RENEKER D H. Electrospinning process and applications of spun fibers[J]. J Electrostatics, 1995,35:151-160.

[4] TEO W E, RAMAKRISHNA S. A review on electrospinning design and nanofibre assemblies[J]. Nanotechnology, 2006,17:R89.

[5] YI X, LI J. Synthesis and optical property of NaTaO3 nanofibers prepared by electrospinning [J]. J Sol-Gel Sci Tech, 2010,53:480-484.

[6] YI X, LI J, YE H. Tubular carbon nanostructures produced by tunneling of cobalt nanoparticles in carbon fibers[J]. Carbon, 2010,48:4574-4577.

[7] YI X, LI J. Single-Crystalline $InVO_4$ Nanotubes by Self-Template-Directed Fabrication[J]. J Amer Ceram Soc, 2010,93:596-600.

[8] YI X, LI J. Woven structures produced by depositing electrospun fibers onto ice collectors

[J]. Appl Phys A, 2010,98:757-760
[9] JAWOREK A, KRUPA A, LACKOWSKI M. Nanocomposite fabric formation by electrospinning and electrospraying technologies[J]. J Electrostatics, 2009,67:435-438.

附　录

本书使用的字母与物理量对应表

注：少数出现一次且已在相应位置解释的字母未列入；一些字母在不同位置可能具有不同含义，请注意识别。

符　号	含　义
ρ	密度
γ	表面张力系数
α	极化系数
μ	极距，迁移率
k	波尔兹曼常数
ε_0	真空介电常数
λ	支配波长
σ	表面电荷密度
τ_e	切向电场力
σ	极化力
σ_μ	法向粘度力
τ_μ	切向黏度力
ω	扰动增长率
τ_e	切向电场力
D_d	射流直径
Q	流速
K	电导率
d	液体密度，射流直径
I_d	射流所带电流
E	电场强度

（续表）

符　　号	含　　义
D	电位移
P	压力，极化
T	绝对温度
R	液滴半径，极坐标半径
V	电压
q	电量
C	电容
T_{ik}	麦克斯韦力
F, f	法向电场力
H	对电极的距离
r_c	毛细管半径
r_s	射流半径